U0111245

JPC
HK

餐桌上的中國故事

李昕升 著

馬浩然 繪

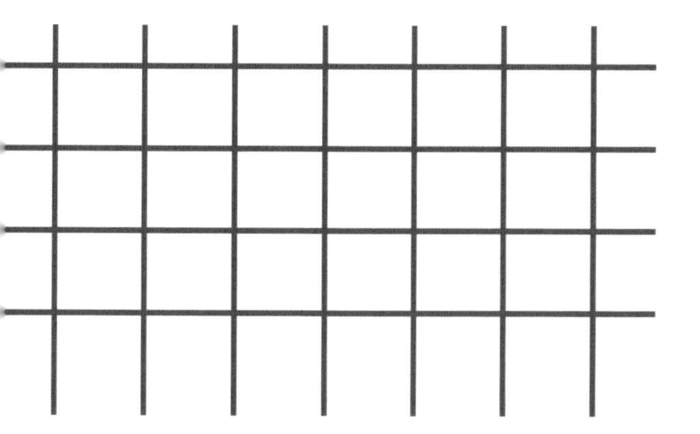

CHINESE STORIES ON THE DINING TABLE

推薦序：我們為何需要農史類科普書

李昕升博士的大作《食日談：餐桌上的中國故事》即將出版，他希望我能寫篇序。首先我覺得非常榮幸，然而答應之後又有點後悔。我自己從 2014 年開始也陸續寫了一系列講作物起源的科普文章，並預備再寫若干篇結集出版，但八年過去了，因為偷懶，至今還沒有寫完。今年，看到李博士（還有他書中提到的另一位史軍博士）不聲不響地就推出了他們自己有關這一主題的作品，怎能不讓人為自己的拖延症後悔呢？

不過，相對於讀者的需求，國內靠譜的農史類科普書太少，所以這樣的作品當然是多多益善。我自己本來是做植物分類研究的，之所以會"跨行"去寫農史類的文章，就是因為讀者確實比較關注相關的話題。換句話說，市場的力量，會不由自主地把植物類的科普作者引到"農"和"醫"這兩個領域中去。這個現象的背後，顯然有文化傳統的因素。按照著名科學史家吳國盛先生的說法，中國古代的"科學"，主要有四大領域，除了"天"和"地"，就是"農"和"醫"。難怪國人會天然對這些領域的科學話題感興趣。

我一直主張，要真正熱愛祖國的文化，最好是能深入了解它。比如我們都為中國古代的農業和農學成就自豪，但你可知"農"這個字的由來？坦率地說，我在寫這篇序的時候，才想到要了解一下這個問題。原來，"农"這個簡化字，本來寫作"農"。其下面的"辰"，據著名古文字學家裘錫圭先生的解讀，在甲骨文中像是把一塊略呈 V 形的石片以兩根小繩綁在木棍上，這可能就是中國最早的除草用具。後來，“辰”這個字才轉義指星名和地支第五位；同時，它本來所指的那種簡易耕器，也改名叫作“耨”。“耨”這個字裏也有個“辰”，當然不是偶然的。了解了這些，現在我再看到“農”這個字時，眼前便會浮現出三千多年前中華文明初興之時，先民持“辰”孜孜耕耘的場景。

我還一直主張，我們不光要深入了解祖國文化，還應該公正客觀地去了解。李博士是農史研究科班出身，這本書裏就體現了這種公正客觀的態度。比如近年來有一種流行說法，就是中國清代的“康乾盛世”是由美洲傳入的作物促成的。而且這並不只是網絡上一些自媒體間相互轉載的“都市傳說”，而是“量化史學”所得出的（可能還頗為得意的）研究成果。然而，這一觀點並不嚴謹，更經不住質疑，中國歷史地理學界的韓茂莉、侯楊方等研究者此前都曾公開撰文駁斥，李博士也親自做了“量化研究”，更有力地否定了這一觀點，並在本書中介紹了他在這方面的結論。李博士通過多年對番薯文獻的搜集和梳理，也不認同附加在番薯入華之上的種種觀點，認為應該為讀者呈現客觀真實的歷史面貌。

科普在中國，有時候仍然是一項尷尬的事業。其中一大尷尬就是，你辛辛苦苦查文獻、找數據寫的文章，很可能影響力還比不上網絡“爆文”。那麼為什麼我們還要做科普？在我看來，總有人會對嚴肅真實的科普作品感興趣。所以我們要竭力讓這些人找到、看到他們想看的東西，而第一步，就是要有人願意把這樣的東西寫出來。

感謝李昕升博士，願意在百忙之中，甚至是“迷茫”之中，充當農史科普領域的知識普及者。

劉夙

通俗讀物作者、譯者、上海辰山植物園科普部研究員

2022 年 7 月

繁體中文版序言

國人云“民以食為天”，西人語“You are what you eat”（人如其食）。食物是人類獲取外界能量，在流動環境中塑造生理特徵的物質承載，也是刻畫心理特點的精神外延。在我們談論歷史的時候，許多人總喜歡將目光局限在帝王將相、才子佳人，卻總是忽視了我們身邊隨處可及的、最基礎的東西——食物。

一部人類文明史即統攝著作為環境、產業與民俗的食物史。本書正是要為形形色色的食物撰寫“傳記”，書寫它們的生命全史。在全球史層面，它們馴化成功數千年，輾轉萬里進入世界各地，豐富了我們的飲食圖譜，締造了舌尖上的百味。

以上既是食物史研究的意義，亦是本書存在的意義。早在 1977 年，考古學家、人類學家張光直主編的《中國文化中的飲食》便掀起了第一波中國食物史研究熱潮，近些年該領域的純學術著作不斷滋生，然靠譜的科普尚付闕如，從這個意義上來說，本書恰逢其時。

如果不了解中華食物和中國農業，便很難觸及歷史的真正內核。了解食物的歷史可以幫助我們在全球史觀的視角下，審視中華文明是如何形成、發展和傳播的。食物在世界範圍內的傳播是人類歷史中不起眼卻又十分重要的一部分，雖然看上去不如王侯將相的故事那樣璀璨奪目，但卻實實在在地影響了整個世界歷史的進程。

食物的歷史包羅萬象，囊括了這些食物的傳播史、技術史、文化史，輻射了食物的政治、社會、經濟與生活面向，同時可以探索食物與人的複雜互動關係。了解這些經歷，就是了解一部講述人類與自然的史詩，可見人類的食物史與人類歷史、人類文化發展息息相關。

一粒米、一顆豆、一葉菜，這些我們日常生活中習以為常的食物，無不蘊含著大學問，它們都是勞動人民傳承千年的智慧結晶。這些餐桌上的食物的往來與傳播、栽培與利用、發展與變遷，為我們講好中國故事，拼上了一塊新的拼圖。

本書從本土作物和外來作物兩大篇章出發，從植物學、歷史學、人類學等角度講述了水稻、小麥、玉米、番薯、茶葉等數十種作物的前世今生，還將回答：真正的種質資源交流與發展基於什麼樣的背景與動因？演進路線是什麼樣的？外來食物的傳入帶來了怎樣的影響？它們在技術、經濟、社會、文化等許多層面是如何與本土融合發展的？它們能為未來全球發展，消除飢餓、貧困，維護世界和平，構建人類命運共同體，提供哪些參考？

本書在出版後得到各界同仁的厚愛，先後入圍"2023年鳳凰好書2月榜""《中國新聞出版廣電報》2023年3月優秀暢銷書排行榜""'2023，一起閱過'央視網年度閱讀盛典推薦書單"等，榮獲"2023年《中國出版傳媒商報》第一季度影響力圖書""第十四屆江蘇省優秀科普作品一等獎""典讚·2023科普江蘇年度十大科普作品"等獎項，並有多篇書評、書訊，反響熱烈，在此一併致謝！我也將努力寫出新的作品以饗讀者。

今即將在香港三聯書店出版繁體新版，新版與舊版相比不僅多了本篇序言，舊版當中的一些錯訛、補充之處在繁體新版中也一一完善。從某種意義上說，繁體新版是真正的最終改定版，希望繁體閱讀的朋友們能夠喜歡。

最後感謝香港三聯書店李斌老師、王逸菲老師的辛苦付出。

李昕升

2024 年 1 月 8 日於南京家中

前言

當前精神文化生活日益豐富多彩，我們已經不能滿足於對“帝王家史”的追尋與探求。吃吃喝喝的歷史，或稱之為食物史、農業史、植物史、作物史、飲食文化等，與我們每個人的生活息息相關，因此對於口腹之慾，我們總是有太多的興趣與疑問。動物史其實也應該在本書的討論範疇之內，但限於筆者的研究興趣、本書框架設計、內容體量等，並沒有展開。

法國昆蟲學家法布爾（Jean-Henri Casimir Fabre）曾說過：“歷史讚美把人們引向死亡的戰場，卻不屑於講述人們賴以生存的農田；歷史清楚知道皇帝私生子的名字，卻不能告訴我們麥子是從哪裏來的。這就是人類的愚蠢之處！”本書所討論的“舌尖小史”，不僅是學術研究的重要命題，同時也是科學普及的必備話題。

食物史研究方興未艾，它們是全球史、公眾史天然的組成部分，本書也是如此。以科普為名，立足中國、放眼世界，是筆者作為學院派“產學研”結合的一次嘗試。近些年，類似的著作出版了不少，據筆者不完全統計就有幾十部之多，這其中多數為譯作，也反映了國外在這一領域先聲奪人近十年，而國內也逐漸“覺醒”，相關著作如雨後春筍，是對該領域強烈需求的一種回應。

筆者認為，不少已出版著作有兩大弊端：一是拾人牙慧，雖然我們不要求篇篇創新，但是應該有自己的觀點，不少論述將前人的學術成果不加分辨地直接“拿來主義”，之後又被他人沿用，如果是正確敘述還好，否則便是錯誤的因襲；二是想象建構，信誓旦旦地輸出一些錯誤觀點，導致錯誤被逐漸放大，誤人子弟，類似例子見於筆者批判的“美洲作物決定論”，又如，關於番薯入華前人敘述多獵奇色彩，後人越說越玄，已經弄假成真了。這是現實的無奈，讀者可能對細節錯誤也不甚在意，只要大方向沒有問題便可，所以筆者也許有些求全責備，但是筆者認為還是要本著嚴謹的態度精益求精，將每次書寫都作為一次全新的研究過程。當然，同類著作的精品也有很多，比如劉夙、史軍等老師的作品。

此前筆者就在微博上對此種現象有所批評，但是力不從心，有“站著說話不腰疼”之惑，畢竟“你行你上啊”，一來瑣事纏身，二來科普難寫。瑣事纏身無非是高校的生存壓力和家庭的生活壓力，高校的教學、科研、績效、考核等，家庭的各種瑣事（我們家是雙胞胎），都使我很難擠出時間從事此項工作，特別是科普寫作在高校系統很難被承認，不算“工分”，讓人意興闌珊。科普難寫則是因為學術論文與科普專論的行文、風格、框架完全不同，雖然它們皆是在一定的問題意識和專業素養下抽絲剝繭的反思與重構，但是不言而喻，學術論文閱讀起來相對枯燥，特別對於非專業人士來說味同嚼蠟，科普專論則應該是妙趣橫生、生動活潑的，兼具知識性與趣味性，這樣的一種思路轉變對我是一個挑戰。此外，科普專論要求厚積薄發，沒有一定的功力很難做到入木三分，所以我們看到有一個“大家小書”系列，只有“大家”才能寫出“小書”，君不見我們農業史研究的祖師爺萬國鼎先生流傳最廣的專著便是《五穀史話》。所以，我從 2022 年 11 月起化身 B 站 UP 主“李昕升講食物史”，亦是我龐大科普計劃的實踐。

是故，本書的寫就需要契機，而且需要多個契機，事物的發生、發展往往是多個因素合力的結果，這些因素共同玉成此事。應《百科知識》雜誌社王凱老師之邀為該刊撰寫專欄；在《讀書》（曾誠老師等）、《南方周末》（黃白鷺老師）、《中國社會科學報》（楊陽老師、徐鑫老師等）、《澎湃新聞·私家歷史》和《澎湃問吧》（于淑娟老師等）等平台發表文章並參與互動話題；在郭詠梅老師的推薦下於 2019 年 6 月 15 日在杭州參加大型演講類活動“一席”；作為評議人參加許金晶老師組織的梅園經典共讀小組第三十五期共讀沙龍；中國科普作家協會對本人組織的科普中國專家沙龍活動“植物史科普——我們應當如何開展？”的支持，也不能不提本人作為中國科普作家協會會員、江蘇省科普作家協會會員的科普自覺；最後便是天津鳳凰空間文化傳媒有限公司大力促成此事，多虧了李佳老師，感謝她不厭其煩、挖空心思地出謀劃策、催稿督促，以及責任編輯劉屹立老師、終審文編鄭樹敏老師的細緻修訂，美術編輯李迎老師、插畫師馬浩然老師的精心繪圖；通俗讀物作者、譯者、上海辰山植物園科普部研究員劉夙老師撰寫了序言，北京大學科學傳播中心劉華傑教授、科普作家袁碩老師（河森堡）、科普作家史軍老師、微博生物科普博主“開水族館的生物男”為本書作了推薦，四川大學王釗老師提供了圖片參考。以上，一併致謝。

最後談一談本書的特色。本人多年沉浸於農業史研究，這是科學技術史（筆者在讀研前也完全不知道這是一個什麼學科）一級學科下的一個重要研究方向，無論歷史、今天、未來，“大國小農”是中國的基本國情，農學是中國自古以來最重要、最基本、最實用的學問之一，古代四大知識體系便是農、醫、天、算。我在南京農業大學度過了我重要的學習工作時光——本科、碩士、博士、博士後、副教授，除了基本功之外，我的學術邏輯、學術思維均在這裏形成，南京農業大學農史研究特色便是注重學科交融，注重農學與史學的並行不悖，對我影響至深，使我掌握了一種“冷門絕學”，這就是本書最大的特色。雖然在 2021 年，我已經工作調動至東南大學人文學院歷史學系，但是南京農業大學潛移默化、潤物無聲的影響還將陪伴我一生。

需要說明的是，研究過程還得到了國家社科基金冷門絕學研究專項學者個人項目“明清以來玉米史資料集成匯考”（21VJXG015）、江蘇高校哲學社會科學研究重大項目“明清以來番薯史資料集成匯考”（2021SJZDA116）的支持。由於本書的性質，行文沒有一一出註，請讀者見諒。部分作品已經先行見於刊物，如《荔枝品種命名》一文為本人與學妹王昇合作，《為何中國作物起源在近代頻遭質疑？》一文見於《歷史評論》2022 年第 1 期，收入時均有增補。

謹將本書獻給南京農業大學，母校的培養永不敢忘；獻給東南大學，在我迷茫之時接納了我。

李昕升

2022 年雨水寫於南京家中

目錄

Contents

CHINESE STORIES ON THE DINING TABLE

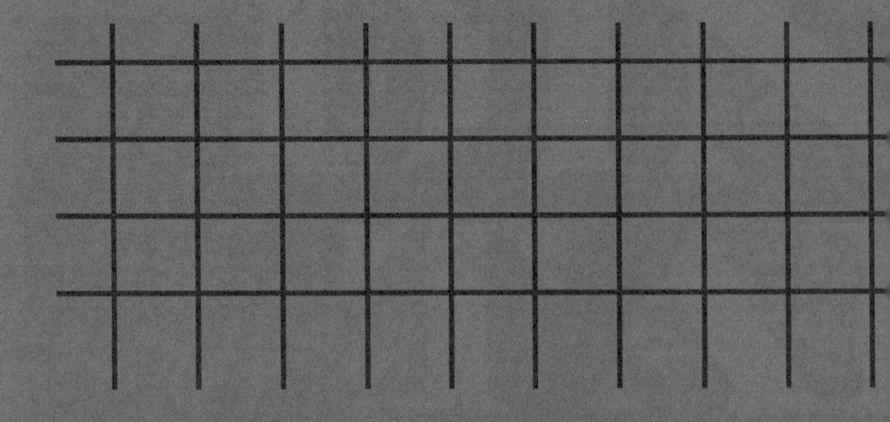

訪談

世界餐桌上，少不了中國故事

受訪——李昕升
採訪——《南方周末》原特約撰稿人黃白鷺

CHINESE STORIES ON THE DINING TABLE

黃白鷺：中國地大物博，農耕文明也具有鮮明的特色。在作物的傳播方面，中國對世界有著怎樣的貢獻？

李昕升：今天全世界的重要作物有600來種，其中至少一半都起源於中國。在這裏，作物的概念主要指可食用農產品，換言之，全世界作物物種的一半都起源於中國，或者中國是起源地之一。比如水稻可能有多個起源中心，所以說中國是起源地之一。

中國的作物不管在豐富世界的飲食文化方面，還是在改善食物結構方面，作用都是非常大的。

而且現在南瓜、番薯等這些外來作物，中國既是第一大生產國，也是第一大消費國，還是第一大出口國，規模優勢就在這裏擺著，倒是本土的一些作物，反而可能位居人後了。比如大豆是中國原產，自古以來就是我們的重要作物，但現在中國卻不是大豆第一生產國，第一是美國，而且中國在這方面與其差距很大，望塵莫及。但是美國人必須要感謝中國大豆，要是沒有大豆，美國的土地可能早就退化了。

黃白鷺：是因為大豆可以為土地增肥嗎？

李昕升：對，大豆能夠起到天然氮肥的作用，能固定土壤肥力。這裏要分享一本書——《四千年農夫》（*Farmers of Forty Centuries, or Permanent Agriculture in China, Korea, and Japan*, 1911）。這本書的作者富蘭克林·希拉姆·金（Franklin Hiram King）教授，曾任美國農業部土壤局局長，他寫這本書的背景是當時美國的西進運動開墾了很多土地。但是我們都知道，西方國家對土地的消耗都是非常厲害的，不像中國，用地和養地相結合，才保證了幾千年來土地的肥力毫不喪失，甚至更加肥沃。在中國的土地上，一年種好幾茬，第二年、第三年照樣種，也不至於減產，就是因為我們保護土地很有一套，這是幾千年傳承下來的智慧。當然到了 20 世紀，化肥用得多，新的污染就擺到台面上了。

早期美國肥料用得不多，他們又沒有中國人用地養地的技術，造成土地肥力的嚴重流失。所以這位金教授才專門過來考察，他先去日本，後來到中國考察的時候，發現中國勞動人民的偉大，他們是名副其實的"四千年農夫"，在同一塊土地上耕作了數千年，土壤肥力還不見下降。美國人耕種才剛剛一百年，土地就扛不住了。他來中國學習，主要的目的有兩個：一個是土地，一個是肥料。他發現，除了糞肥之外（中國人自古以來就用人畜糞便等製成肥料，美國沒有這個傳統），中國還有一個非常厲害的東西，就是大豆。

金教授雖然之前對中國農業就有所了解，但親眼所見之後，才更覺得大豆是個好東西。首先大豆的產量不低，是典型糧食作物，位列古代五穀之一，其次大豆還可以用來增加土地肥力。大豆能夠積聚氮肥，氮就是今天化肥的主要原料。金教授回去把這本書出版了，在美國的社會上引起了較大反響，所以 20 世紀初前後，美國西部大農場開始廣種大豆。

黃白鷺：所以說像大豆這樣的作物傳播出去，也是中國作物的突出貢獻之一，間接養活了很多人。

李昕升：是的，要是按西方那一套來做，他們每畝地其實養活不了多少人，如果沒有大豆的話，怎麼辦？土地過兩年就逐漸退化了，失去肥力了，那就沒有任何意義了。

確實由於中國作物的傳播，養活了無數的人。一方面，這增加了作物品種，豐富了世界人民的飲食選擇，優化了食物結構，催生了新的飲食文化；另一方面，中國有很多高產、優質的作物，世界的人口數量能達到今天的水平，中國的作物功不可沒。

菜豆又名四季豆，美洲三姐妹作物之一，在美洲用於固定土壤中的氮元素以滋養玉米，清初傳入雲南後，以雲貴高原為中心，逐漸向全國推廣開來。

黃白鷺：絲綢、瓷器的出口讓中國的東方文化附帶傳播出去，物種交換會不會也形成文化輸出？

李昕升：一樣會傳播文化，比如中國傳到日本的豆腐，以及茶、水稻等，伴隨著作物的傳播，往往也會有技術、文化和人的交流。比如說大豆，延伸出的文化可以說是非常豐富的。日本人曾把豆腐叫作“唐符”或者“唐布”，據說是唐朝時期鑒真和尚傳入的，所以日本豆腐行業把鑒真奉為祖師爺，而且豆腐在日本的地位很高。1654 年，隱元大師東渡，又把新的豆腐製作工藝傳入日本。日本的茶文化其實也是跟我們唐朝學的，這是直接的文化輸出。

再舉個例子，比如說在華南一帶，有一種銅鼓文化。銅鼓文化是和水稻文化密切相關的，沒有水稻就沒有銅鼓，因為銅鼓主要用來祭天和歌頌豐收，所以銅鼓就是稻作文化的直接產物。我們今天看到東南亞地區也有這種銅鼓文化，受華南影響的痕跡頗深。包括水車文化也是如此，水車是為灌溉稻田而生，沒有水稻就沒有水車，所以我們今天提起水車文化，那必須要先談稻作文化，否則割裂地提水車文化，根本是沒有意義的。

黃白鷺：中國作物向外傳播之外，外來作物傳入中國是否有幾個高峰期這樣的說法？

李昕升：絲綢之路就是這樣一條作物交換的路線，幾個大發展的時期分別是漢代、唐宋和明清。截至 20 世紀初，重要作物已經交換得差不多了，沒交換的大部分是一些重要性不甚突出的作物，意義相對打了折扣。比如說鮮花，為什麼在 20 世紀掀起交換的高潮？一方面因為 20 世紀是中西交流的高潮，來華的外國人數量大增；另一方面在產業革命之前的西方，就大眾來說，生存需求是第一要義，審美需求屈居次要，畢竟人只有滿足了生理需要，才能追求更高層次的需求。

黃白鷺：漢代最知名的外交家（開拓者）是張騫，好像很多作物都是他帶回來的？

李昕升：漢代以陸上絲綢之路為主，張騫實際上只帶來兩樣作物：葡萄和苜蓿。其他的都是隨之而來，多被歸功於英雄人物張騫的名下了。這些作物多帶胡字，比如胡麻（芝麻）、胡椒、胡瓜（黃瓜）、胡豆（豌豆）等。

葡萄是張騫帶回來的，同時西域小國也有進貢的，他們因為要做葡萄酒，就把葡萄先帶過來了。張騫帶回來的還有苜蓿，苜蓿是餵馬吃的，但是我們今天人也吃。為什麼要把苜蓿帶過來呢？因為當時西域有一個國家叫大宛，那裏盛產大宛馬，又稱汗血寶馬，吃中國的草料不行，必須要吃當地的苜蓿。所以張騫順便就把苜蓿帶回來了，在中國栽培了很多。但人也可以吃苜蓿，它還可以作為肥料作物。

漢代的作物傳播雖然說不一定有明清時期那麼重要，但單就物種品種來說非常多。有些作物的名稱可能罕有人知，比如說莙薘菜，用來做糖的，說甜菜的話可能就有很多人知道了。種類較多的一個原因是交流實在被阻隔太久，因此在張騫"鑿空西域"之後，迅速深入交流。

黃白鷺：唐宋時期的作物傳播又有什麼特點？

李昕升：這一時期傳播陣地轉到海上，因為正值吐蕃崛起，切斷了陸上貿易，於是突出特點就是海上絲綢之路的興起。作物方面很多都是現在我們日常熟悉的，比如說西瓜、菠菜、萵苣、胡蘿蔔等。

海上絲綢之路漢代就有了，只能說是從唐代開始興盛的，當時的泉州是世界性的大港口，以輸出瓷器為主。剛才說的很多此時傳入的作物都是從海上絲綢之路進來的。

唐宋時期還有一個非常重要的作物，是水稻的一個品種，叫占城稻，來自中南半島的一個小國（位於今天越南中部），叫占城國。這種占城稻之所以是重要的作物，因為它適應性比較強，能在很多地區栽種。水稻以前是很難上山的，因為山地溫度低、氣候乾旱。但是占城稻卻能活下來，而且早熟，非常適合作為早稻栽種，於是就在中國發揚光大了，被一些學者稱為“糧食革命”。

黃白鷺：明清時期伴隨著大航海時代的地理大發現，是不是也意味著這段時期傳入的作物影響最大？

李昕升：影響確實大，因為傳入了很多高產的糧食類作物。這段時期傳入的作物以美洲作物為主，有一個規律是它們多帶“番”字，比如說番茄、番瓜（南瓜）、番石榴、番椒（辣椒）、番薯，還有美洲棉、四季豆、菠蘿、煙草等。

現在談美洲作物，一般多提及玉米、番薯和土豆，它們的傳播路徑高度雷同，都是從東南亞傳到中國，只不過傳入的時間、地點、人物有差別。或是西班牙人帶來，或是葡萄牙人帶來，或是華人華僑帶來，但都是從東南沿海進來，也就是從海上絲綢之路進來的。

黃白鷺：一個有趣的現象，明清時期傳入了辣椒，但是沿海一帶的人其實都不吃辣，反而是稍後傳入的內陸地區人們口味很重，辣椒得到推廣種植。為什麼有的作物能迅速推廣，有的就不能呢？

李昕升：影響某個物種能否在當地傳播推廣的因素其實非常多，簡單歸納的話有兩點：一是這個作物要具有經濟價值，二是要能夠融入當地作物的種植制度。有經濟價值這點很好理解，一個作物能不能推廣，不是地方官說了算，地方官說大家都種玉米，大家就跟著種玉米嗎？大家又不是傻子，考慮的還是要養活自己。能不能推廣的主要原因還在於這個外來作物具不具有替代性。原來好好的作物不種了，改成這個作物，要能讓人獲得切實的利益，要麼更高產，要麼能產生經濟價值，必

須有讓人能看得見的利益。

比如說番薯畝產確實很高，畝產上千斤，比之前的作物高產多了。像明末福建巡撫金學曾一推廣，大家就種了，但是在很多省份，地方官推廣並不順利，剛開始是種了，過兩年人們又不種了，因為人們覺得虧了。辣椒也是，和當地飲食習慣、口味不一致，大家很難愛上這個東西，就算強制推廣，也就前兩年有所收穫，難以為繼。西南地區辣椒作為香辛料、食鹽的替代品，加之有祛濕的說法，推廣很快，後來居上。番薯能夠在福建、廣東得到長期的推廣，也在於人們確實能看到利益。

第二個原因要好好解釋一下，就是融入當地作物的種植制度。比如說近代之前番薯在山東種得少，為什麼？因為番薯在山東無法和本地原有種植制度銜接。北方的整個作物種植主要以冬小麥為核心，農民會選擇不種冬小麥的時間去種一些其他的作物。但是冬小麥在北方九十月份播種，第二年的五六月份收穫，如果要再種其他的作物，就必須在五月份到十月份之間。但是番薯是不能配合這個時間段的，番薯的生長期長，如果五月份種番薯，要十月底、十一月才能收穫，這樣就錯過小麥的播種期了。

小麥一直都是北方種植業的核心，農民不可能為了種番薯把小麥給拿掉，而且小麥本身的經濟價值比番薯要高，農民會先考慮自己的利益。

南方就不一樣了，因為南方的熱量高，生長期長，一年能種番薯的時間長。比如說在北方五月份就要播種番薯了，但是南方可以提前到三月，要是在海南島，一月份就可以種了。延長了生長期，番薯就能夠融入當地的制度，但是在北方就融不進去。這就是為什麼到今天為止，番薯在北方種得也不是很多。

黃白鷺：一些學者認為，如果當時番薯在全國已經普及開，明朝就不會滅亡，您怎麼看？

李昕升：這一種說法，我是不同意的，雖然這個觀點的影響非常大。明朝滅亡的主要原因是農民起義，農民起義的一個原因，那就是天災人禍。有人說主要原因是適逢饑荒，如果番薯、玉米這些作物在全國都推廣的話，那就不會有農民起義了，這樣明朝搞不好還能延續，就不會滅亡了。

其實我覺得朝代滅亡的原因是多方面的，就算這些高產糧食作物都傳播了，也還有一些其他的因素，如小冰期、通貨緊縮等。比如在清末，番薯、玉米早就在全國普及了，人們都已經把它們當成主糧作物，清朝還是滅亡了。

我覺得不能把美洲作物的地位拔得太高，雖然說它們是非常重要的作物，但是也要知道，中國養活這麼多的人口，主要是靠什麼？主要靠的還是水稻。玉米、番薯，作用非常大，我們是承認的，但它們充其量只能養活幾千萬人，養活不了數億人。歸根到底，支撐中國農業社會的還是水稻，水稻都沒有剎住王朝的滅亡，玉米和番薯也無濟於事。

總論篇
①

蔬菜從哪兒來？

在我國的主要農作物中，至少有 300 多種來自域外（國外及現在的少數民族地區），主要糧食作物除了明清時期引進的玉米、土豆、番薯外，基本來自我國主要農區。但我國古代源自本土的栽培蔬菜卻不多，《詩經》等文獻記載的可食用蔬菜有 20 餘種，但人工栽培的卻少之又少，只有甜瓜、蕓、瓠、韭、葑、葵 6 種，很是缺乏。

西漢時期，人們開始從西域引進蔬菜，這些蔬菜大部分來自亞洲西部，也有一部分來自地中海地區、非洲或印度，基本上是通過新開闢的絲綢之路傳入的。據漢代《氾勝之書》《四民月令》《急就篇》等文獻統計，栽培蔬菜有 20 餘種。漢代的栽培蔬菜，相當一部分是從域外引進的，如苜蓿、大蒜、香菜、豇豆、黃瓜、豌豆、茄子、胡蔥等，幾乎佔到了總數的一半。

北魏時期，《齊民要術》中記載栽培方法的蔬菜增加到 30 餘種。魔芋、茄子來自我國少數民族地區，都逐漸傳入中原；莙薘菜雖然在南朝已有，但遲至元代《農桑輯要》才敘述其栽培方法。明清之前，雖然栽培蔬菜種類不斷有所變化，但是在很長時期內總的數量幾乎沒有大的增加。

唐代以後，隨著經濟重心的南移，海上絲綢之路迅速發展，開始有新的蔬菜傳入我國。唐末五代成書的《四時纂要》按月討論了 30 餘種蔬菜的栽培方法，這一時期引自域外的蔬菜有萵苣、菠菜。南宋《夢粱錄》記載的蔬菜有 40 餘種。元代王禎《農書》記有栽培方法的蔬菜也有 30 餘種。人們熟悉的絲瓜、胡蘿蔔是這一時期新增加的蔬菜的代表。

不過在明代之前，我國蔬菜仍然處於缺乏狀態，所以以精耕細作為特徵的中國傳統農業不斷地引進新的蔬菜。明清時期，蔬菜種類增加很多，基本都來自美洲，如番茄、辣椒、結球甘藍等；也有少數來自其他地區，如在明代被廣泛栽培的蕹菜便來自嶺南。清代《農學合編》共總結了 57 種栽培蔬菜，清代《植物名實圖考》中的記載進一步增至 176 種蔬菜。明清時期引進的蔬菜，增加了蔬菜品種，豐富了人們的飲食結構，最終形成了以瓜茄菜豆為主體的蔬菜結構。

縱觀歷史，我國蔬菜種類發生了較大變化。一些我國本土蔬菜如蓼、蘘荷、薺、牛蒡等重回野生狀態，西漢《靈樞經・五味》所說的“五菜：葵甘，韭酸，藿鹹，薤苦，蔥辛”，指的就是當時最常見的五種蔬菜葵、韭、藿、薤、蔥，後來多半回歸野生。一些明清以前從未栽培過的蔬菜，如番茄、南瓜、辣椒等，卻獲得了極大的發展。還有一些蔬菜，如白菜、蘿蔔、葵、蔓菁等，它們的栽培比重發生了很大的變化，李時珍《本草綱目》記載古代葵菜是“百菜之主”，明代白菜取代葵成為百菜之主、蘿蔔取代蔓菁成為南北廣為栽培的根菜。我國一向重視種植業的發展，增加生產一般從植物性產品著眼。古人很早就注意到了蔬菜周年供應不平衡的問題，尤其缺少夏季食用的蔬菜，不同歷史時期我國一直在引進來自域外的蔬菜（見下表）。

夏季是我國古代的蔬菜供應淡季，“園枯”現象時有發生。在我國本土蔬菜尤其夏季蔬菜比較緊缺的情況下，主要通過引進的方式增加夏季蔬菜品種，以解決“夏畦少蔬供”的情況。明代以前，雖有引進，但仍難以滿足人們對夏季蔬菜的需求。明清以來，隨著美洲蔬菜作物的引進，加之充分發揮本土蔬菜作為夏季蔬菜的潛力，最終在清代形成了以茄果瓜豆為主的夏季蔬菜結構。

來自域外的主要蔬菜

秦漢	魏晉南北朝	隋唐五代	宋元	明	清、民國
苜蓿（〔西漢〕司馬遷《史記・大宛列傳》）	茴香（〔三國魏〕嵇康《懷香賦》）	萵苣（〔唐〕杜甫《種萵苣》）	胡蘿蔔（〔南宋〕常棠《澉水志・物產門・菜》）	辣椒（〔明〕高濂《遵生八箋》）	土豆（清光緒《渾源州續志》）
豌豆（〔東漢〕崔寔《四民月令》）	蒔蘿（〔晉〕顧微《廣州記》）	菠菜（〔唐〕段公路《北戶錄》）	絲瓜（〔南宋〕杜北山《詠絲瓜》）	番茄（〔明〕王象晉《群芳譜》）	西葫蘆（清順治《雲中郡志》）
胡蔥（〔東漢〕崔寔《四民月令》）	莙薘菜（〔南梁〕陶弘景《名醫別錄》）	西瓜（〔北宋〕歐陽修《新五代史・四夷附錄》）	苦瓜（〔南宋〕普濟《五燈會元》）	南瓜（明嘉靖《福寧州志》）	筍瓜（清乾隆《大名縣志》）
魔芋（〔東漢〕許慎《說文解字》）	扁豆（〔南梁〕陶弘景《名醫別錄》）	刀豆（〔唐〕段成式《酉陽雜俎》）	洋蔥（〔元〕熊夢祥《析津志・物產》）	菜豆（明萬曆《雷州府志》）	結球甘藍（〔清〕楊賓《柳邊紀略》）
—	黃瓜（〔北魏〕賈思勰《齊民要術》）	球莖甘藍（〔唐〕孫思邈《備急千金要方》）	蠶豆（〔北宋〕宋祁《益部方物略記》）	花生（〔明〕方以智《物理小識》）	萊豆（清同治《上饒縣志》）
—	豇豆（〔三國魏〕張揖《廣雅・釋草》）	—	—	—	西芹（清末農工商部農事試驗場檔案）
—	大蒜（〔晉〕張華《博物志》）	—	—	—	花椰菜（民國七年《上海縣續志》）
—	香菜（〔晉〕張華《博物志》）	—	—	—	豆薯（清乾隆《順德縣志》）
—	胡椒（〔晉〕司馬彪《續漢書》）	—	—	—	—

註：本表所列典籍為最早記錄該蔬菜的文獻。

糧食安全話古今

“食色性也”，吃吃喝喝是與家國天下息息相關的命題，不僅關乎口腹之慾、食療養生，而且與人民生計、社會生活緊密勾連。特別是後者，人民是否吃得飽、吃得好，直接關係到國家穩定，所以歷朝歷代國家機關都特別重視糧食安全。

重農思想

中國古代歷來強調以農為本，這就是我們樸素的重農思想。重農是中國古代糧食安全的基本指導思想，是中國古代經濟思想的一條主線。

中國傳統社會以農業經濟為主，農業是國家財政收入的主要來源，是國家經濟的基礎，直接關係著國家政權的鞏固、社會秩序的穩定。因此，歷朝歷代都十分重視糧食安全，帝制社會統治者一向有春耕籍田的傳統。總之，源遠流長的重農思想，兩千多年來一直對中國的政治、經濟、文化產生著重要影響。

先秦時期重農思想的主要內容是重視糧食生產、重農富民、重農抑商、以農立國。管仲把重農看作富國強兵之道；孔孟重農則主張發展農業生產；荀子主張重農抑商，輕徭薄賦；商鞅持農戰思想，重農是為了在諸侯爭霸中取得勝利。秦漢以後，重農則是為了鞏固國家政權。西漢

晁錯“貴粟論”提出重農是國家的重要政務，賈誼提出重農抑商的經濟政策，桑弘羊衝破戰國以來的重農抑商思想桎梏，提出了通過發展工商業來促進農業發展的思想。

北魏賈思勰總結“洪範八政”，首次提出“食為政首”的觀念。唐太宗李世民重農則是把農政作為政務之首。明代徐光啟的農政思想認為農業是富國強兵的根本，“理財莫先於務農”。18 世紀法國“重農學派”的興起深受中國重農思想的影響。

可以說，中國的重農思想最早在先秦便已誕生。以《呂氏春秋》為始，歷代農書開篇列舉大量重農事跡，說明農業對國計民生的重要作用，強調以農為本，反映了農學家重農勸耕的良好願望和古代糧食安全的基本指導思想，成為農書內容的精神依託、立論之源。

中華人民共和國成立後，農業作為基礎產業，糧食作為保障民生的物質基礎，被提高到事關國計民生的戰略高度。毛澤東提出了“農業是國民經濟的基礎”的戰略思想。1978 年後，改革開放戰略的實施，使我國進入了工業化、城鎮化和市場化快速發展的歷史時期，在新歷史條件下，形成了中國特色社會主義“三農”思想。

安全實踐

在重農思想的指導下，糧食安全不是一句空話，歷史時期關於糧食安全的實踐，主要有制度、政策保障與技術創新兩個方面。

制度、政策保障在國家層面可以分為土地制度與荒政體系兩大層次。歷來土地制度的改革均是為了提高人民糧食生產的積極性，以應對糧食危機。從西周“井田制”到戰國“為田開阡陌封疆”，從西晉“占田課田制”到北魏“均田制”，從唐代“兩稅法”到明清“一條鞭法”“攤丁入畝”，制度、政策的變遷無疑是為了因時因地保證糧食安全。雖然古代也有著“耕者有其田”的理想，但終究只能是理想，只有中國共產黨領導的四次土地改革才堪稱真正意義上的革命，才能一勞永逸地完成這一歷史任務，繼而提出1958年“以糧為綱”、1978年“家庭聯產承包責任制”、2006年“全面取消農業稅”等，使得中國解決了溫飽問題，但是制度、政策保障依然不能放鬆，也是我們堅守耕地“18億畝紅線”的原因。

荒政體系則是未雨綢繆的直接體現。早在西周就已經形成了完備的荒政體系，“十二荒政”說：“以荒政十有二聚萬民：一曰散利，二曰薄征，三曰緩刑，四曰弛力，五曰舍禁，六曰去幾，七曰眚禮，八曰殺哀，九曰蕃樂，十曰多昏，十有一曰索鬼神，十有二曰除盜賊。”以後歷朝歷代不斷發展完善這一思想，如漢武帝採取桑弘羊的“平準均輸”。相關政策主要體現在賑濟（包括以工代賑）、蠲免、倉儲備荒等幾個方面，不同階層的人物都能在救荒活動中做出貢獻。當然，荒政體系之所以能夠產生效果，根本還在於中國地大物博、物產豐富，有著豐富的運輸體系和商業網絡，北方饑荒則從南方調運米穀，南方災荒則從北方救濟，取得一種動態的平衡，這與我們今天的“西氣東輸”“南水北調”有異曲同工之妙。

技術創新則體現在更多的方面。有些技術看起來並不複雜，但應對災荒頗有奇效。如我國農業有“雜五穀而種之”的傳統，個別作物如稻、麥確實收效頗高，然而農業生產具有二重性：增產和穩產。在時運不濟的年代，穩產往往可以挽救“壓死駱駝的最後一根稻草”。因此農民在稻、麥之外往往會種植雜糧，甚至一些救荒作物，以分散經營風險。傳統農民追求秋糧的多樣化，這就是農民的道義經濟。今天世界農業產業過於單一化，抗風險能力較差，一旦出現問題，衝擊是劇烈的，愛爾蘭大饑荒便是如此。

不同作物生態、生理適應性不同，在經緯地域分異和垂直地域分異下形成的環境特性是自然選擇的結果。因此，農業生產特別強調因時因地制宜，如在低窪地、鹽鹼地，高粱就具有絕對優勢，在乾旱地、高寒地，自然也有小米、蕎麥的一席之地。此外，在順應自然規律的前提下，充分發揮主觀能動性的土地改造甚至可以“變廢為寶”，古人在與水爭田、與山爭地上很有一套，各式的土地利用形態層出不窮，而這些土地之前往往是沒有被利用的。為了防止海潮、洪水的侵襲，則有塗田、湖田、圩田（櫃田）；為了利用水面，則有沙田、架田、葑田。將耕地向高處發展是最主要的改造耕地的方式，旱澇保收的梯田實現了對山地水土資源的高度利用。還有一些邊際土地，產量過低，無法充分利用。古人採取低產田改造措施，加緊改良和利用南方冷浸田（石灰增溫、深耕曬壟）、北方鹽鹼田（綠肥治鹼、種樹治鹼等），甚至發明出“砂田”這種利用模式，堪稱農田利用史的奇跡。這些都有助於糧食安全。

總之，中國是農業大國，無論過去、現在、未來皆是如此。歷年中央“一號文件”均以“三農”為主題便是深諳其中之道。進入 21 世紀，儘管我國糧食生產連年豐收，國家對於糧食安全不但沒有放鬆，反而不斷強化，我們認為是非常必要的。例如，2020 年 5 月 22 日《政府工作報告》明確提出，著力抓好農業生產，穩定糧食播種面積和產量，提高複種指數，提高稻穀最低收購價，增加產糧大縣獎勵，大力防治重大病蟲害；同年 8 月 11 日，習近平總書記對制止餐飲浪費行為作出重要指示。或開源，或節流，這些措施都有力地保證了國家糧食安全。

中國超穩定飲食結構

農業的產出即食物，不同區域的農業發展情況造就了不同地區人們的飲食結構。正如西方諺語“you are what you eat”（人如其食），飲食足以左右一個國家、民族的性格。通過檢視飲食結構在特定的歷史和社會場景之下的多元功能和意義，可以了解整個社會的變遷。

種植制度與飲食文化歸因

中國的情況較世界更為明顯，概因中國的農業文明高度發達。中國農業一直以來居於世界領先地位，不僅在於農業技術的成熟完善，也在於以“三農”理論為核心的中國傳統農業的可持續發展思想和實踐，以及與之相聯繫的生態文明的興旺發達，所有這些，建構了我們的消化系統和我們舌尖感知的超穩定性。

因此，我們提出“中國超穩定飲食結構”的觀點。“中國超穩定飲食結構”基於中國農耕文化的特質，由於中國傳統農業高度發達，傳統作物更有助於農業生產（穩產、高產），更加契合農業體制，更容易被做成菜餚和被飲食體系接納，更能引起文化上的共鳴。這其中因素，最為重要的就是種植制度與飲食文化的嵌入。

種植制度，即比較穩定的作物種植安排。至遲在魏晉時期的北方、南宋時期的南方，我國已經形成了一整套成熟的旱地耕作和水田耕作體系，技術形態基本定型，精耕細作已經達到了很高的水平，優勢作物地位基本確立。《齊民要術》成為北方"耕—耙—耱"這一技術體系成熟的標誌，但北方在漢代可能已經達到這一高度，因此史學家許倬雲才說漢代早期中國已經形成農業經濟；自六朝開始，南方華夏化進程加快，"南方大發現"（王利華語）最終在南宋完成，標誌便是《陳旉農書》中的"耕—耙—耖—耘—耥"技術體系，這一時期梯田的大量出現同樣論證了這一觀點。至此，傳統農業形成"高水平均衡陷阱"，但這並不是簡單的"技術閉鎖"，"技術閉鎖"往往指已有的次好技術先入為主而帶來的"技術慣習"持續居於支配地位，但是本土作物形成的作物組合並不是次好技術而是優勢技術。我國傳統農業基本上形成了精耕細作的成熟系統，北方多是兩年三熟，麥豆秋雜或糧棉、糧草畜輪作，南方則多是水旱輪作，外來作物很難融入進來，特別是融入大田種植制度。

另一方面是飲食文化，即人們對外來作物的適應問題。就像今天依然有很多北方人吃米、南方人吃麵覺得吃不飽或吃不慣，中國各區域間飲食文化千差萬別，毋論國別飲食體系差異。外來作物中，最早融入種植制度的小麥，在中國的本土化經歷了兩千年的漫長歷程，至遲在唐代中期的北方確立其主糧地位。雖然說由於漢代人口增長，小麥得到了一定的推廣，但是如果沒有東漢以後的麵粉發酵技術和麵粉加工技術的發展，很難想象小麥能逐漸取代粟的地位。同理，小麥之所以能夠在江南得到規模推廣，重要原因之一也是永嘉南遷，北人有吃麵的需求，在南方水稻大區率先形成了"麥島"，幾次大的人口南遷均是如此，帶動了小麥的生產、消費與麵食多樣化發展。外來作物傳入初期，多是作為觀賞、藥用植物。人們少量食用多出於獵奇心理，很少大量食用，即使大量食用也是不得已而為之，身體和心理都是很難接受的。

客觀評價外來作物

由於中國農業的開放性與包容性，不同歷史時期中國不斷從域外引進各種農作物。已故美國環境史家阿爾弗雷德·克羅斯比（Alfred W. Crosby）在 1972 年提出“哥倫布大交換”（Columbian Exchange）這個經典概念之後，國內外相關研究恆河沙數，“哥倫布大交換”聚焦於美洲作物，正如 20 世紀 50 年代何炳棣先生對美洲作物的肯定一樣。事實上，除了明代以降引進的美洲作物外，先秦、漢晉、唐宋三個階段都引進了大量對中國歷史進程影響至深的外來作物，特別是糧食作物（小麥、高粱）、油料作物（芝麻）、纖維作物（亞洲棉）等。

美籍東方學家貝特霍爾德·勞費爾（Berthold Laufer）在《中國伊朗編》中曾高度稱讚中國人向來樂於接受外來作物：“採納許多有用的外國植物以為己用，並把它們併入自己完整的農業系統中去。”可以說，這些作物的引進奠定了今天的農業地理格局，實現了中國從大河文明向大海文明的跨越發展，今天沒有外來作物參與的日常生活是不可想象的。因此，中華農業文明能夠長盛不衰，得益於兩大法寶——精耕細作與多元交匯。但是目前的一種研究趨勢是過分拔高外來作物的重要性（比如“美洲作物決定論”），而忽略了中國原生作物，忽略了建立在本土作物（或早已實現本土化的外來作物）基礎上的精耕細作。

以今天的視角觀之，即使是傳入中國較晚的外來作物如花椰菜、苦苣、咖啡、草莓、西芹、西藍花、西洋蘋果等，也有一百年的歷史了，屬於布羅代爾歷史時間的“中時段”，可以預見，外來作物的重要性還將不斷提高。"美洲作物決定論"等觀點認為，外來作物甫一傳入或在很短的時間內就擁有了重要的地位，比如他們不僅認為美洲作物助力了清代的人口爆炸，導引了 18 世紀的糧食革命，甚至明代的滅亡也與這些作物沒有得到及時推廣有關，這是一種典型的謬誤。

與今天的新事物不同，在前近代化中國，新事物的普及要經過相當漫長的時間，在某種意義上"技術傳播"比"技術發明"更為重要。即使是中國自有物質文化也是如此，誠如《滇海虞衡志》所說："然物有同進一時者，各囿於其方，此方興而彼方竟不知種，苜蓿入中國垂二千年，北方多而南方未有種之。"外來作物的本土化，是指引進的作物適應中國的生存環境，並且融入中國的社會、經濟、文化、科技體系之中，逐漸形成有別於原生地、具中國特色的新品種的過程。我們把這一認識歸納為風土適應、技術改造、文化接納三個遞進的層次，或者稱之為推廣本土化、技術本土化、文化本土化，這是一個相當複雜且漫長的本土化過程。

簡言之，由於技術、口味、文化等因素，國人對於外來作物的接受和調試是一個相當緩慢的過程。在這種穩定的飲食結構下，外來作物的優勢最初都被忽視了，它們發揮影響要經過幾百上千年的緩衝，傳入中國最晚的美洲作物，在近代乃至中華人民共和國成立之前，影響都是比較小的。

中華農業文明高度發達

古代世界文明的本質就是農業文明，文明根基建築在農業經濟之上，文明成果富集於農業生產之中。雖然在地理大發現和工業革命之前，世界不同國家和地區因地理、文化阻隔，交流與互動受到一定的限制，但並非彼此封閉、相互隔絕，農業便是其中最主要的交流形式。由於中華農業文明的高度發達，中國一直扮演著集散地的角色，整合著全球農業資源。

中國原產的稻、大豆、茶、絲被稱為“農業四大發明”，對人類社會的貢獻不遜色於“四大發明”。2016 年中國科學院出爐 88 項“中國古代重要科技發明創造”，“水稻栽培”“大豆栽培”“茶樹栽培”“養蠶”“繅絲”赫然在列，可見其地位之超然。當然我們並不是說其他農業發明難以與之相頡頏，這也是我們注重突破“成就描述”的研究範式，以研究技術的傳播、演進以及與各種社會因素之間的互動關係為旨趣的一種努力。

傳統中國擁有技術精湛的農業生產技術（農具），以及中國農業古籍（農書）、重農思想、可持續發展理念，經由絲綢之路的傳播，對世界農業文明的發展產生了持續而深刻的影響。“農業四大發明”之外更側重於無形的農業思想體系，在某種程度上較作為商品的實物更能引發社會變革，締造了世界農業文明的專業化和全球化，並通過影響西方產業革命的基礎——農業革命，改變了世界進程。

誠如李比希指出：“（中國農業）以觀察和經驗為指導，長期保持著土壤肥力，藉以適應人口的增長而不斷提高其產量，創造了無與倫比的農業耕種方法。”美國農業部土壤局原局長、農業專家富蘭克林·希拉姆·金早在 1909 年來華訪問時就盛讚：“遠東的農民從千百年的實踐中早就領會了豆科植物對保持地力的至關重要，將大豆與其他作物大面積輪作來增肥土地。”諾貝爾獎獲得者、美國小麥育種學家諾曼·布勞格（Norman Borlaug）認為中國長期推行的多熟種植和間作套種是世界驚人的變革。美國未來學家阿爾文·托夫勒（Alvin Toffler）提到未來農業設計居然與“桑基魚塘”有驚人的相似，誰說這是一種偶然呢？

質言之，中國傳統農業高度發達，直接導引了“中國超穩定飲食結構”，外來作物在中國發揮作用的時間要比在其他國家和地區慢得多，“高水平”自然具有“高排他性”。要客觀看待外來作物的影響，有的外來作物僅僅是曇花一現的匆匆過客，當然更多的外來作物在後來大放異彩，卻並非在傳入之初便擁有強大的生命力。外來作物扎根落腳，往往也要經過多次引種，其間由於多種原因會造成栽培中斷。中華人民共和國成立之後，外來作物取得的顯著成就，其實與食品消費升級與種植結構的轉變、現代農業與全球貿易下的食物供給息息相關。玉米在 2010 年以來就一直是國家第一大糧食作物，卻並不是第一大口糧，又如國家在 2015 年推出“馬鈴薯主糧化戰略”，主糧化前景前路漫漫，這些內在邏輯依然是“中國超穩定飲食結構”。

本土作物篇 ②

為何中國作物起源在近代頻遭質疑？

作物，即栽培植物，過去也常被稱為農藝植物。毫無疑問，中國是世界農業起源中心之一，目前世界栽培的主要作物有 600 餘種，其中約 300 餘種為中國原產。可以說，中國貢獻了世界一半左右的作物資源。

作物起源研究的奠基人瑞士植物學家阿方斯·德康多爾（Alphonse L.P.P. de Candolle, 1806—1893）在其著作《農藝植物考源》（1882）中提及的 247 種作物，其中有相當比例被認為起源於中國。蘇聯遺傳學家瓦維洛夫（Vavilov, 1887—1943）在 1935 年分析了 600 多個物種，發表了《主要栽培作物的世界起源中心》，將世界起源中心分為八大中心，中國作為其中之一，擁有 136 種作物的獨立起源（事實上遠不止此數）。此後中國一直就是世界公認的作物起源中心，無論是茹科夫斯基（Zhukovsky）的栽培植物基因大中心理論（1975）、哈蘭（Harlan）的作物起源理論（1992），還是赫克斯（Hawkes）的作物起源理論（1983），無論是西蒙茲（N.W. Simmonds）的《作物進化》（1987），還是星川清親的《栽培植物的起源與傳播》（1981），都毫無疑問地肯定了這一點。雖然中國一直是世界公認的作物起源中心，但是從 19 世紀開始，某些別有用心者所炮製的一些“中國傳統作物為外部輸入”的說法，直到今天仍然在肆意流傳，對此我們必須予以澄清。

捕風捉影製造“爭議”

當前，國際學術界關於作物起源問題以科學判斷為主。然而在 19 世紀到 20 世紀上半葉，由於種種原因，關於中國傳統作物起源地的爭論持續了百餘年，其中對水稻、茶葉起源地的“爭議”在國際上影響較為廣泛。

水稻作為重要糧食作物，為世界眾多人口提供了糧食保障。中國有著悠久的稻作史，中國南方一直被視為世界稻作農業起源地之一。1882 年，瑞士植物學家阿方斯·德康多爾根據中國古典文獻記載認同中國栽培稻歷史悠久，同時他又以印度發現大量野生稻為依據認為水稻起源於印度。德康多爾關於作物起源判斷的主要依據是野生近緣種與自然志、語言學的證據，這會帶來很多想當然的錯誤。譬如，野生種很可能是從栽培種散逸出去的類型，野生種與起源地之間也沒有必然的聯繫。20 世紀初，蘇聯植物學家、遺傳學家瓦維洛夫在對世界栽培作物進行考察的基礎上，收集了大量水稻野生種標本，對它們進行表型多樣性研究，並提出“栽培作物的起源地應該在現存的栽培品種和近緣野生種基因多樣性最高的區域”理論。依據這一理論，結合在印度一帶的發現，他認為印度水稻變種是世界上最豐富的，同時具有獨特的籽粒粗糙的原始類型，提出水稻的起源地應該在印度。就此，在兩者的影響下，水稻“印度起源說”在 19 世紀到 20 世紀上半葉一直主導著國際學術界的主流認識。1928 年，日本農學家加藤茂苞通過雜交結實率和血清反應試驗，發現水稻存在兩個亞種——秈稻和粳稻，並分別命名為“印度型”和“日本型”，這一命名影響較大，造成中國水稻是由印度或日本傳入的假象。雖然近年中國的考古發現、DNA 及文化證據已證實中國南方的長江流域是稻作農業的起源地，但加藤對水稻兩個亞種的命名至今仍在國際社會通用。

歷來認為，中國是最早植茶、業茶之國家，但這種說法在 19 世紀也遭到了挑戰。1610 年，茶葉被荷蘭人帶回歐洲，到 18 世紀中期，飲茶之風在英國盛行，茶成為“全英國最流行的飲料，其銷售情況超過了啤酒”。在 19 世紀 30 年代以前，在英國銷售的茶葉主要由東印度公司從中國市場獲取。1833 年，東印度公司的對華貿易壟斷權被取消，為繼續獲取茶葉貿易利益，在氣候與中國南方相近的英屬印度殖民地發展茶葉種植業，成為他們扭轉中國對其茶葉貿易優勢的選擇。英國人羅伯特·布魯斯（Robert Bruce）曾於 1823 年在當時緬甸阿薩姆地區（1826 年以後成為英屬殖民地阿薩姆省，今印度阿薩姆邦一帶）發現野生茶樹，1838 年他列舉了在英屬印度阿薩姆省發現的野生茶樹 108 處，並開始宣稱印度才是“茶樹的原產地”。1877 年，英國人貝爾登（S. Baidond）在其著作《阿薩姆之茶葉》中也提出了茶樹原產於印度的觀點，並認為“中國約在 1200 年前從印度輸入茶樹”。茶樹由印度原產的觀點得到了部分英國人的贊同，《日本大辭典》（1911 年版）也隨聲附和。20 世紀初，茶葉起源於印度的說法已經非常盛行。面對別有用心之人企圖篡改茶葉起源地的惡劣行徑，我國農學家吳覺農痛心疾呼：“一個衰敗了的國家，什麼都會被人掠奪！而掠奪之甚，無過於生乎吾國長乎吾地的植物也會被無端地改變國籍。”

作物起源不能憑空捏造

為何中國的作物起源在近代頻遭質疑？我們認為，既有當時科學發展不成熟的客觀因素，更存在人為誤導的主觀因素。

其一，中國近代科學起步較晚，考古學、生物學、遺傳學等學科在1949年以後才得到較大發展，因此近代中國在國際農業起源研究中未掌握話語權。如在20世紀40年代，我國著名水稻專家丁穎提出水稻起源的新觀點，他主張水稻之粳、秈皆起源於中國，是在不同自然條件下分化出來的兩種"氣候生態型"，推測水稻在中國華南地區開始馴化栽培後，先演化為秈稻，在北上的過程中再演化為粳稻。"水稻起源於中國"的觀點在當時國際社會上並未產生廣泛影響。又如1922年，吳覺農曾著文系統反駁對茶樹原產地的偏見，並根據大量史實，證明茶樹原產於中國，但國際社會仍長期存有"印度是世界茶樹原產地"的錯誤印象。

其二，水稻和茶葉成為"爭議"的焦點，是因為兩者不僅從物質、經濟上滿足了眾多人口的需求，國際影響較大，更有深厚的文化影響。某些不以科學研究為宗旨的"學者"及其背後勢力對代表中國文化的水稻、茶葉的質疑或否認，可以在一定程度上達到削弱中國文化影響力、打擊中國對外貿易等不可宣之於世的目的。一般認為日本水稻引自中國，今天來看這種觀點更加確鑿，浙江上山遺址作為"世界稻源"，距離日本較近，中國"百越文化"影響了日本"彌生文化"，水稻是有可能從江南傳入日本的。而水稻在日本具有超越一切作物的崇高意義，稻作文化較中國有過之而無不及，甚至成為了概念化、隱喻化"我者"與"他者"的象徵物，這就是在日本作為"自我"的稻米。如果否定水稻起源於中國，便可在一定程度上否認日本文化源自中國，達到更好地"脫亞入歐"的目的。

水稻起源問題較為複雜，但加藤對水稻兩個亞種命名的居心可以說昭然若揭。根據《中華農學會報》1922年的報道，加藤於當年來華，並在上海、杭州、蘇州、南京、蕪湖、九江、南昌、長沙、常德、洞庭、漢口、四川、北京等地“調查”“參觀”並“搜集各種稻種”。他在中華農學會的演講中提到調查中國稻作之目的，包括“採集中國普通品種以供研究”“採集中國特別佳種至日本栽培”“考察中國品種與日本品種之系統關係”，並明確說明“暹羅印度品種，與日本品種之系統關係，過於疏遠”，“余深信中國品種與日本品種，系統甚為相近”，“中國稻則由南洋印度等處輸入，又由中國而輸入日本是也”。我們今日暫不計較當時加藤來中國廣搜稻種之用心，但按其 1922 年在中國的演說，他一方面承認日本稻是由中國輸入，一方面卻於 1928 年（其時加藤正在朝鮮從事殖民活動）命名水稻亞種時刻意忽略中國，直接命名為“印度型”和“日本型”，可謂包藏禍心，絕不是他口中的“研究學問，固不必分國界也”。對此，不僅中國學者表示不贊同，連日本學者佐藤洋一郎也對加藤的命名方法提出質疑，“在被稱為‘日本型’的品種群中卻包括了在中國

稻米之路的形成影響了大半個地球的歷史文化格局。

被稱為‘粳稻’的品種，中國的稻作歷史比日本悠久”，“加藤博士將另一品種群稱為‘印度型’的理由非常奇妙，他認為中國品種的一部分已屬於‘日本型’，剩餘的則應屬於中國另一邊的地區，從較早的歷史來講，‘唐的另一邊是天竺’，也就是印度”。將本國國名強加於他國物種之上的做法在任何時候都是不可取的，勢必造成命名混亂。

茶葉與水稻一樣，在世界範圍內有較大影響。鴉片戰爭以前，在英國、印度、中國的三角貿易中，中國的茶葉貿易居於中心地位，甚至可以左右當時的國際經濟形勢，在國際政治格局的變動中也起到了一定作用，中國茶文化對世界影響深遠。在這種情況下，關於茶葉原產地的問題原本並無爭議，對茶葉原產地的判斷也不如水稻複雜，如此混淆視聽，確係英國故意為之。印度當時是英國的殖民地，宣揚茶樹“印度起源說”，既有經濟考慮，又有政治目的。如果將印度認定為茶之起源，等於印度的茶葉起源最久、品質最高，便會抬高印度茶葉在國際市場上的價值，佔領茶葉市場。19—20 世紀，英國不斷湧現出植物獵人、茶葉大盜，其中最為著名的就是福瓊（Robert Fortune），他們從中國竊取了無數珍貴茶葉種資源，印度、斯里蘭卡茶園迅速大量湧現，茶葉甚至成為印度最重要的商品，而中國國際茶葉貿易量急劇減少。因此，英國人對於茶葉起源於印度的言論叫囂最甚，如此可以將他們的偷竊行為合法化與去污名化，畢竟他們認為那不過是“物歸原主”罷了。

時至今日，對中國水稻、茶葉起源的錯誤認識仍然廣泛流傳。對水稻與茶葉的起源地研究始終要堅持科學溯源，重視考古出土的實物證據。無論如何，都不能否認中國對水稻和茶葉栽培、馴化、改良的歷史貢獻，不能無視中國對水稻和茶葉的利用在世界範圍內產生的積極影響，也不能忽視中國在世界農作物傳播中發揮的重要作用。一些人動輒援引百餘年前的謬論，認為它們起源於印度、東南亞等地，或者採用較為“公允”的表述，認為應係“多元起源”，看似不偏不倚，其實是一種混淆視聽的似是而非。近年，又出現了新的觀點，即認為一些中國本土的小眾作物，如茄子、蕹菜等均為外來傳入，這些謬論也需要我們通過科學研究一一反駁。近代以來，中國作物起源問題不斷被拿來“做文章”，理應引起警惕。目前關於農作物起源的相關問題並未得到較多重視，既有錯誤因襲帶來的思維定式，也與相關研究尚未完善密切相關。

以中國為原產地的重要作物

種類	原產於中國的作物
穀類	稻、黍（大黃米）、稷（小米）、菽（大小豆）、大麻、菰（彫胡）
果類	棗、李、杏、栗、桃、核桃、柑橘、梨、荔枝、梅、蘋果、櫻桃、柿、甜瓜、榛子、松子、山楂、酸棗、南酸棗、榆錢、楊梅等
菜類	葵、韭、藿（豆葉）、薤（藠頭）、橡子、薏苡、白菜、茄子、蕹菜、芥菜、蕪菁、蘿蔔、薯蕷、芋頭、冬瓜、花椒、茱萸、薑、肉桂、水八仙（茭白、蓮藕、水芹、芡實、慈菇、荸薺、蓴菜、菱角）等

稻，不止米飯那麼簡單

稻是世界第一大糧食作物。中國是亞洲稻的原產地和世界稻作起源中心之一（西非栽培有產量不高的非洲稻，為另一稻作起源地），史前栽培稻遺存的出土地點已達一百六七十處，時間在 10000 年以上的就有數處。以中國為中心，進一步向四維輻射，傳播的不僅是有形的稻（包括稻作技術），還有無形的稻作精神文化。

稻在全球的傳播時間及傳播軌跡

前 25 世紀，稻自原產地中國傳至南亞次大陸的今印度以及印度尼西亞、泰國、菲律賓等東南亞地區；

前 23 世紀，稻進入朝鮮半島；

前 15—前 9 世紀，稻傳播至大洋洲波利尼西亞島嶼；

前 5—前 3 世紀，稻傳入近東，再經過巴爾幹半島傳入羅馬帝國；

前 4 世紀，稻傳入日本；

前 3 世紀，亞歷山大大帝將稻帶入埃及；

7 世紀，稻越過太平洋往東至復活節島；

15 世紀末，以哥倫布第二次航海為契機，稻得以在美洲的西印度群島推廣；

16 世紀後，稻傳到北美並向西擴展；

1580 年，在拉丁美洲的哥倫比亞開始出現稻作栽培；

1761 年，稻出現在巴西地區；

19 世紀，稻傳入美國加利福尼亞州；

1950 年，澳大利亞引種稻成功。

稻與稻作是兩回事兒

一般來說，伴隨著稻的傳入，栽培技術也隨之而來，是為稻作的發端。

然而例外並不罕見。歐洲早在史前時期就開始進口大米，特別是在古羅馬帝國和古希臘，但歐洲於中世紀後期才開始栽培水稻。稻的栽培技術首先傳入西班牙，但一直不溫不火。直到 15 世紀，意大利才開始種植稻並逐步擴大稻的種植面積。15 世紀時，葡萄牙從西非掌握稻的種植技術，並開始在本國種植稻。從稻作角度來說，法國栽培稻要晚於伊比利亞半島。

可以說，歐洲人從了解稻米到開始種植，再到逐步擴大種植面積，經歷了漫長的過程。在這期間，又發生了意外“事故”。16—17 世紀，瘟疫流行，除了少數水田之外，稻作在歐洲幾乎絕跡。

非洲亦是如此，在不少地區，稻傳入之初僅作為商品存在，並未融入當地的種植制度。等到阿拉伯人將稻的栽培技術傳入埃及，已經是 639 年的事情了，此時距有關亞洲稻在埃及的最早記載正好相隔 1000 年。在亞洲朝鮮半島地區，距今最早的水稻遺存出現在 4300 年前，但是稻的栽培技術在全島普及則是在距今 2100—2300 年的“青銅時代”。

栽稻有先後

即使是在同一個國家，稻的栽培技術的普及時間也各不相同。

早在前 4 世紀秦朝統一之前，稻的栽培技術便由逃避戰亂的吳越人渡海帶到了日本九州一帶，這是日本栽培稻的開端。隨之誕生的稻作文化被稱為“彌生文化”，並直接導致漁獵文化形態“繩紋文化”生存空間的壓縮。在此之後，稻的栽培技術在日本多地“開花”：1 世紀時，傳入京都地區；3 世紀時，傳到關東地區；12 世紀時，本州北部才開始種植稻；更晚的是北海道地區，直到明治時期，稻才得以在此地種植。

由於稻可能經過多次引種才能最終在當地扎根，且同一國家的不同地區也可能分別引種，最終的結果是稻在全區域的普及包含了不同的品種。另外，有很多國家之間的稻作流動是雙向的。例如，中國和東南亞均是稻的早期馴化中心，在不斷交流的過程中，著名的水稻品種占城稻（越南）在 1011 年經由福建引種到我國江南一帶。再如朝鮮半島的稻作本從中國傳入，但到宋代時中國又從朝鮮地區引種了黃粒稻……這樣複雜的傳播路線構成了稻品種的多樣性，也共同構成了傳統種質資源的寶庫。

在日本作為“自我”的稻米

著名歷史學家費爾南·布羅代爾認為，進行稻作是“獲得文明證書的一個方式”。

1700 年，日本人口已達 3000 萬，眾多的人口全靠水稻養活。稻對世界的影響，遠不止作為一種提高產量的作物那麼簡單。與中國同處東亞文化圈的日本，可能是受中國稻作文化影響最深的國家，日本人對水稻的熱愛較中國有過之而無不及。

憑藉對水稻堅定不移的信念，日本人創造了豐富的神話傳說和多樣的習俗，塑造了以稻米為主食的日本人的性格和精神。以“飯稻羹魚”為核心的膳食結構，在一定意義上繼承了古代中國江南一帶的文化內核。稻米這樣一種主食業已成為日本人集體自我的象徵，稻米的重要性在日本主要的節日和儀式中被充分展示，隱喻概念化了自我和他人的關係。

為何瘋狂“追逐”稻

雖然稻由哥倫布及其後的商隊傳入美洲，但其種子和栽培技術的傳播以及稻在美洲的廣泛種植，則是來自西非“大米海岸”的黑奴的貢獻，即黑奴的種植經驗和消費量。

稻在美國的傳播，促進了北美灌溉事業的發展，尤其是對低窪濕地的開發，進一步加強了堤壩等水利設施的建設；此外，還促進了用於脫粒、揚篩等的農具的發明和完善。19 世紀 20 年代，稻在美國的生產、加工、銷售已經直接實現了一體化，形成了專業化主產區。

稻的傳播使世界其他非原產地區成了早期全球化的受益者，域外人民從口到腹都得到了必要補充。水稻肯定高於小麥的單產（拉瓦錫時代單產與麥相比是 4：1），必然會對傳統食麥區（典型的就是歐洲）造成衝擊。雖然稻沒有快速融入當地的種植制度，但也“左右著農民和其他人的日常生活”（布羅代爾語）。即使西方人並不以稻米為主食（當時只有窮人才吃稻米），但因為稻是一種高利潤的經濟作物，在出口創匯中的利潤不容小覷，西方人也紛紛爭先恐後地“追逐”水稻。1740年後，稻成為繼煙草、小麥之後，英屬北美殖民地的第三大農作物。

稻作（精神）文化在稻對世界的影響中尤其引人注目，銅鼓文化即是一例，銅鼓主要用於祈求稻的豐收，中國西南地區作為銅鼓文化的發源地可以追溯到春秋時期，從西南地區到東南亞銅鼓發掘的時空序列，可見銅鼓自北向南的傳播路徑，稻作文化的遺跡等於銅鼓的遺跡。有關穀神崇拜也是東南亞神話中門類最全、數量最多的神話系統。

種稻還有一些其他意想不到的收穫，東南亞稻田普遍與否決定著瘧疾是否橫行，因為稻田水為濁水，可以限制帶有瘧原蟲的蚊子的繁殖，一定程度上給吳哥窟等大都會帶來繁榮。在18世紀，歐洲的一些地方曾用稻米釀製一種很烈的燒酒，讓我們不禁想到了中國的酒文化。究竟是亞洲人的飲食習慣成就了稻，還是稻塑造了亞洲人的飲食習慣，這是一個複雜的問題。

今天，稻更是成為全球史的重要話題，詮釋著作物在全球史的話語權。稻在全球化的初期更多地通過奴隸、勞工和移民逐漸成為重要口糧，其歷史發展過程與殖民主義的出現、工業資本主義的全球網絡和現代世界經濟緊密地糾纏在一起，加強了區域間的聯繫。但是，稻的生產很大程度上受到自然環境因素的制約，因此稻貿易的全球化不可能引發稻生產的全球化，而只會使稻生產單一化、專業化或集約化。

中國園藝植物傳播對世界的影響

中國作為最重要的世界物種起源中心，原產作物種類繁多，無論果樹苗木、觀賞植物、蔬菜作物，我們都可以將之統稱為園藝植物（果樹園藝、蔬菜園藝和觀賞園藝）。歷時性地看，雖然園藝植物的重要性無法與糧食作物相頡頏，但是其整體影響力可以說有過之而無不及。一方面，果樹、蔬菜、花卉每一大類外傳的重要品種都有數十種，品種之多、輻射範圍之廣讓人歎為觀止，統合起來的價值形成合力，並不弱於糧食作物；另一方面，在近代全球化進程之前，溫飽問題、生存需求是世界人民的頭等大事，當基本生理需要得到滿足之後，人們必然會追求更高品質的生活和精神享受，以此觀之，園藝植物在今天的重要性甚至還高於糧食作物。歷史學家黃宗智指出，中國現今食物消耗模式正由以往的 8：1：1（八成糧，一成肉禽魚，一成蔬果）轉變為 5：2：3，未來有可能演變為 4：3：3。“園林之母”中國“製造”的園藝作物構建了五彩繽紛的世界農業文明。

以蔬菜為例，即使是在傳統社會，蔬菜的作用也從來沒有被小覷，自古以來中國民間一直流傳著“糠菜半年糧”“瓜菜半年糧”“園菜果瓜助米糧”等說法。美國學者珀金斯（Dwight H. Perkins）指出：“人們過去和現在都大量消費的唯一其他食物是蔬菜，1955 年中國城市居民平均每人吃了 230 斤蔬菜，差不多佔所吃糧食的一半。”人民生活水平越高，食用蔬菜的比例越高，今天蔬菜更是相對於糧食取得了絕對優勢。學者曾雄生曾從中國人食物結構的演變，探討蔬菜在中國人生活中的地位，發現中國人對蔬菜的消費量並不像對穀物類主食一樣，隨著動物性食品的增加而減少，卻會因主食和肉食的不足而增加；蔬菜還直接影響了中國人的宗教信仰和道德修養，其在中國民眾生活中的重要性可見一斑。關於蔬菜我們已有敘述，我們揀選一些其他典型的園藝作物展開討論。

柑橘

柑橘在中國原產果樹（常綠果樹、落葉果樹）中影響最大。柑橘產區遍佈全球，產量為世界水果之最（佔全球水果產量的五分之一）。目前巴西後來居上，已然是世界第一大柑橘生產國，中國僅居第二。在中國科學院評出的 88 項"中國古代重要科技發明創造"中，"柑橘栽培"是園藝作物中的唯一一項。

自古以來，中國柑橘的主產區是長江及其以南地區，北方人所食柑橘主要來自南方的進貢和販運。早在《禹貢》中就提到長江中下游的先民將柑橘作為貢品，揚州"厥包橘柚錫貢"，荊州、

不能"逾淮"卻漂洋過海的世界級水果。

揚州是柑橘重要產區。中國人工栽培柑橘不會晚於東周時期，先民較早地認識到了“橘逾淮為枳”，藉此來討論生物（包括人）與環境的關係，以及物種對於環境的適應性（風土論）。

太湖流域歷史早期便一直是著名柑橘產區，《山海經》說“洞庭之山，其木多橘櫾”，及至宋代，由於氣候轉寒，溫州柑橘異軍突起，“京師賈人預畜四方珍果。至燈夕街鬻。以永嘉柑實為上味。橄欖、綠橘皆席上不可闕也”（《歲時廣記》），溫州地區與太湖、洞庭流域成為並列的兩大柑橘生產基地。

中國柑橘的外傳首先傳入日本，有兩種說法：一說是唐時，日本和尚田道間守來中國浙江台州的天台山進香，帶回種子，在九州鹿兒島、長島栽培；一說是明永樂年間，日本和尚智惠到浙江天台山國清寺進香以後，將溫州所產柑橘引種到鹿兒島，經嫁接改良之後，培育出無核新品種“溫州蜜柑”，在日本國內廣為種植，並且遠銷國外。

新航路開闢以後，葡萄牙人從廣州將甜橙帶回里斯本栽培，因此歐洲人曾把甜橙叫作“葡萄牙橙”。1654 年，柑橘被引進到南非。新大陸發現不久後，柑橘又迅速傳入美洲的一些島嶼，大約在 17 世紀 20 年代前後，又被引入美洲大陸，巴西培育出著名的臍橙品種，華盛頓臍橙是 1870 年前巴西的有核“塞來他”甜橙的枝變。1873 年臍橙被引進美國加利福尼亞，1878 年首次結果，極大地促進了該州的柑橘栽培。甜橙等柑橘類果樹又於 18 世紀下半葉從巴西被引進到澳大利亞，1858 年作為商業果品上市。1821 年，英國人來中國採集標本，把金柑帶到了歐洲。1892 年，美國從中國引進椪柑，取名“中國蜜橘”。以後中國柑橘的種質資源，又對歐美培育改良柑橘品種起了重要的作用。

與柑橘一同傳入世界各地的還有中國人所撰寫的柑橘著作，這其中最重要的當屬南宋韓彥直（南宋名將韓世忠之子）在溫州為官任上所著的《橘錄》（1178）。《橘錄》在國際上有較大影響，得到了喬治·薩頓、李約瑟等人的盛讚。從《橘錄》記載的 27 個品種到世界各國自然選擇與人工選擇培育出的上千個品種，柑橘的影響力可見一斑。

在近代，從中國引種柑橘的記錄也屢見不鮮。美國農業部域外植物引種局的柑橘育種專家施永高（Swingle）曾於 1915—1926 年間，在中國和日本等地的柑橘產區進行考察，與嶺南大學的高魯甫（Groff）合作研究華南的柑橘，同時僱用中國學者郭華秀做助手，幫他進行相關的野生柑橘分佈調查，在中國收集耐寒抗病的柑橘品種及其他植物。柑橘生產在美洲發展迅速。

華盛頓臍橙先後於 1919 年、1921 年和 1931 年從日本引種到浙江的平陽、黃岩和象山；1928 年從美國被引進到廣州；1933 年又從日本被引進到重慶和湖南邵陽；1938 年，又從美國引種到四川成都，後在四川金堂繁殖。這就是我們常說的“品種回流”——同樣的作物不同的品種亦可再傳入中國，即使僅存中國中心，他國馴化新品種亦能“回流”入華，品種交換是一個極其複雜的問題，我們不能故步自封。

荔枝

荔枝是典型的異花授粉果樹，用種子繁殖很容易產生變異。自野生狀態轉為人工栽培後，由於條件的改變和人為的干預，產生的變異就更加明顯。中國古代歷來十分重視荔枝果實形狀和品質的變異。到宋代，荔枝品種由於栽培的興盛而大大增多。但直到南宋後，通過無性繁殖的發明和推廣，才有了真正的荔枝品種。這些主要體現在歷代荔枝譜中，

中國是荔枝的原產地，也是世界上最早栽培荔枝的國家。在長期的生產實踐中，人們培育出大批荔枝良種，積累了豐富的栽培經驗，目前中國仍是世界第一荔枝生產國。世界其他國家所栽培品種大都是直接或間接從中國引進的。荔枝已經由過去時代的珍稀物品發展成為一種產量極大的百姓消費得起的普通果品，其文化內涵也在繼續延伸。

荔枝譜的數量在各類園藝作物專書中首屈一指，彭世獎的《歷代荔枝譜校注》就收錄了荔枝譜 16 部。其中宋人蔡襄的《荔枝譜》是中國現存最早的荔枝專著，也是現存最早的果樹栽培學專著，《橘錄》較《荔枝譜》的成書時間要晚一百多年。

荔枝是熱帶果樹，主產區一直以來都在嶺南，其喜熱喜酸的特性導致無法在北方種植，歷史上的幾次引種活動均告失敗。由於移植失敗，所以歷史上的中國北方人想吃到嶺南的荔枝，只能通過長距離的運輸，但荔枝有離枝之後難以保鮮、不耐儲藏的特點，自古以來就有"一日色變，二日香變，三日味變，四五日外，香、色、味皆去矣"之說，這又使得中國北方人能吃到鮮荔枝的少之又少。因此，要讓更多的人品嚐到荔枝，只能從荔枝保鮮、加工和儲藏上下功夫，於是催生了各種保鮮和加工方法，如製作簡易"冰箱"或製成荔枝乾等方式。唐代水陸聯運"快遞業"發達，楊貴妃是可以吃到新鮮荔枝的，不僅可以享用涪州荔枝，也能享用廣州荔枝，亦可能是宜賓、瀘州、忠州、福建、荊州等地進貢之荔枝，留下"一騎紅塵妃子笑，無人知是荔枝來"的典故，甚至後來佛山有一種荔枝品種就被命名為"妃子笑"。

荔枝在廣東省內品種最豐富、栽培面積最廣，遍及全省 80 多個縣市，作為嶺南名果，品質優良、風味十足，著名的品種有掛綠、新興香荔、桂味、仙進奉、水晶球、糯米糍等。歷代荔枝譜以廣東荔枝品種為最，甚至廣東本地亦有吳應逵《嶺南荔枝譜》，洋洋大觀。廣東荔枝自古以來便多為文人騷客所稱讚，蘇軾當年於廣東惠州任上時就曾寫下"日啖荔枝三百顆，不辭長做嶺南人"，至今仍為一段佳話。

古代各種荔枝保鮮方法多不實用，不具備普及價值。在保鮮困難的情況下，人們嘗試通過加工來保持荔枝的食用品質。蔡襄在《荔枝譜》

中記載了三種加工方法：紅鹽法、白曬法和蜜煎法，通過鹽漬、暴曬、蜜煎等方法製作乾荔枝來延長荔枝的儲藏時間，並使荔枝行銷海內外。據蔡襄《荔枝譜》記載，宋代福州產荔枝已遠銷京師，外至北戎、西夏，且東南舟行新羅、日本、琉球、大食等地，這些外銷的荔枝主要是通過加工成乾荔枝來實現的，加工乾荔枝的方法也是迄今為止最有效的荔枝儲藏辦法。

拜中國人發明的加工儲藏技術之賜，西方人可能最先品嚐到了荔枝乾，但直到 16 世紀才看到真正的荔枝樹。克路士（Gor Netar da Cruz）在《南明行紀》中說："有一種許多果園都產的水果，結在樹枝粗大的大樹上；這種水果大如圓李，稍大些，去皮後就是特殊的和稀罕的水果。沒有人能吃個夠，因為它使人老想再吃，儘管人們吃得不能再多了，它仍然不造成傷害。這種水果有另一種小些的，但越大越佳。它叫作荔枝（Lechias）。"

國外對中國荔枝引種的最初嘗試始於 1775 年，克拉克（T. Clarke）將中國荔枝引種到了英屬殖民地牙買加的植物園。1767 年，藉由普瓦夫爾（P. Poiver）之手，荔枝被引種到了法屬殖民地毛里求斯和荷屬殖民地圭亞那。1813 年，英國著名植物園邱園中新增了許多中國栽培植物，其中就有荔枝。1869 年，荔枝傳入馬達加斯加地區，隨後進入南非，得到迅速發展，現在南非是僅次於中國的荔枝主產國。美國的荔枝引種文獻記載較為豐富（見下表），這些記錄不禁讓我們感歎"植物獵人"的瘋狂，也提醒我們要注重保護種質資源。

美國自中國取種荔枝情況統計（1902—1921）

荔枝品種	引種者	引種年份	引種編號	取種地及相關信息
陳家紫	蒲魯士	1903	10670—10673	福建莆田
		1906	21204	福建莆田
		1907	1083*	植物引種處
黑葉	萊思羅普和費爾柴爾德	1902	9802	廣東廣州
	關約翰	1905	16239	廣東廣州
		1908	23365	廣東廣州
	高魯甫	1915	40915	廣東廣州
		1917	3878*	廣東廣州
		1920	51466	廣東廣州
	李溫	1917	45596	廣東廣州
香荔	吳華	1917	45146	廣東廣州
		1917	3390*	廣東新興
桂味	關約翰	1905	16241	廣東廣州
		1908	23364	廣東廣州
	李溫	1917	45597	廣東廣州
	高魯甫	1920	51470	廣東廣州
		1908	1265*	廣東廣州
		1917	3880*	廣東廣州
糯米糍	萊思羅普和費爾柴爾德	1902	9803	廣東廣州
	關約翰	1905	16240	廣東廣州
		1908	23366	廣東廣州
	高魯甫	1908	1267*	廣東廣州
糯米糰	高魯甫	1918	46570	廣東廣州
		1920	51468	廣東廣州
三月紅	高魯甫	1920	51464	廣東廣州
山枝	高魯甫	1918	46568	廣東清遠
		1920	51472	廣東廣州
尚書懷	高魯甫	1920	51469	廣東廣州
田岩	高魯甫	1920	51471	廣東廣州

資料來源：趙飛，《西方國家對中國荔枝的關注與引種（1570—1921）》，《中國農史》2019 年第 2 期。

* 為夏威夷農事試驗場引種編號。

荔枝銷路之大、產值之高，使其在民國時期也成為重要出口產品。就廣東最知名的荔枝產地增城而論，據 1933 年《增城農業調查報告》記載：“查全縣出產荔枝，其品質佳者，只在本縣銷售，其出口者惟懷枝及少數之黑葉耳，並多乾製發賣，計年產總額約三百萬斤至四百萬斤云。”何立才《荔枝栽培學》記載：“1919 年以前，荔乾輸出……粵省亦不過十餘萬元，1920 年以後，則逐漸增加，至 1937 年……粵省則三百一十餘萬元。”

荔枝乾是民國時期廣東的重要出口創匯產品。

桃與杏

《黃帝內經 · 素問》有“五穀為養，五果為助，五畜為益，五菜為充”之語。“五穀、五菜”本書已有敘述，“五畜”亦為共識，“五果”則是指桃、梨、杏、李、棗。其中以桃與杏對世界影響最大。

長期以來，西方一流學術權威一直認為桃樹起源於波斯，只有瑞士植物學家德康多爾認為“中國之有桃樹，其時代數希臘、羅馬及梵語民族之有桃猶早千年以上”。達爾文經過一番認真細緻的研究，認為中國桃樹有很多變種，有可能找到野生種，桃樹的原產地應當是在中國。事實也證實了達爾文的論斷是正確的，桃樹在我國的栽培至少有三千多年的歷史，《詩經》中已經有“桃之夭夭，灼灼其華”的記載。

西方之所以有這樣的誤判，其實是因循了羅馬人的說法，羅馬人把什麼水果都稱為蘋果（malum），因古羅馬人見到的第一批桃子（1 世紀）來自波斯，老普林尼（Gaius Plinius Secundus）在《自然史》一書中就把桃子稱為波斯蘋果（Persicum malum）。

前 2 世紀以後，桃樹沿著“絲綢之路”，從甘肅、新疆經由中亞向西傳播到波斯，再由波斯中轉到希臘、羅馬和地中海沿岸各國，而後漸次傳入法國、德國、西班牙和葡萄牙等地。可惜中華五果之首在歐洲並沒有廣大的市場，9 世紀歐洲桃樹種植才興盛起來。

印度的桃樹也是從中國引進的，630 年，唐玄奘著《大唐西域記》曾記述 500 年前關於桃樹引入印度的傳說：

> 昔迦膩色迦王之御宇也，聲振鄰國，威被殊俗。河西蕃維，畏威送質。迦膩色迦王，既得質子，賞遇隆厚。三時易館，四兵警衛。此國則質子冬所居也，故曰至那僕底（唐言漢封）。質子所居，因為國號。此境已往，洎諸印度，土無梨桃，質子所植，因謂桃曰至那你（唐言漢持來）。梨曰至那羅闍弗呾邏（唐言漢王子）。故此國人深敬東土，更相指語：是我先王本國人也。

勞費爾認為 1 世紀前後由質子引入梨、桃的記述是可信的。這個故事至今還在印度民間廣為流傳。

美洲大陸發現之後不久，桃樹即傳入美洲。唯因品種適應性不好，直到 19 世紀初期，從歐洲引進了一個叫“愛爾貝它”的離核桃品種，桃樹才在南北美洲傳播開來。20 世紀初期，美國植物大盜又從我國引進數百個優良桃樹品種，通過雜交和嫁接，選育了桃樹新品種，當今美國已經是世界最大的桃生產國之一。

日本與中國一衣帶水，但種植桃樹的歷史卻更短。1876 年，日本岡山縣園藝場從中國引進水蜜桃樹苗。1878 年，內御津郡（今岡山市）農民山內善男培育出新品種，被譽為“崗山白”，後日本又逐漸發展出更多優良品種桃。

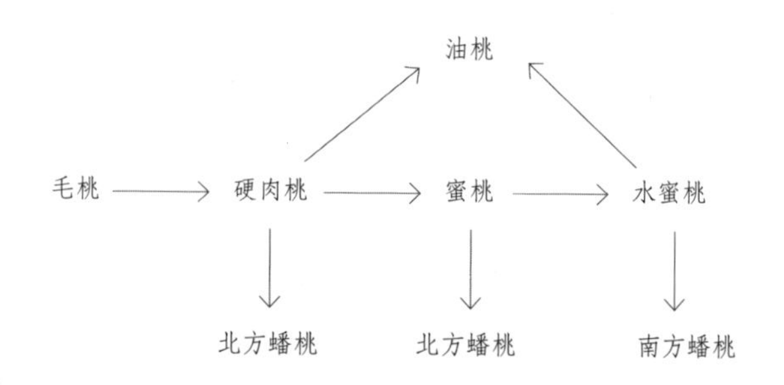

桃子進化圖

《夏小正》記載“四月，囿有見杏”，杏為中國原產，“牧童遙指杏花村”“一枝紅杏出牆來”千百年來被人們吟唱。

杏與桃的傳播史大同小異，也是在西漢首先傳入波斯。據說羅馬共和國末期名將盧基烏斯·李錫尼·盧庫魯斯（Lucius Licinius Lucullus）前 1 世紀從亞美尼亞引進杏樹到羅馬種植，老普林尼把杏稱為亞美尼亞樹（Praecocium）。羅馬人加里安（131—201）的著作《關於減肥的養生之道》中，指出羅馬人常吃的一種蘋果是亞美尼亞蘋果，也就是中國的杏。

英王亨利八世時代，由天主教的牧師於 1524 年自意大利引入杏。其時在英語中尚無杏的名稱，因此在引入的初期，人們稱杏為“Praecox”（早熟果實），其後轉化為“apraecox”，更簡化為“apricox”，再為“apricock”，最後才變為“apricot”，成為杏的英語名稱。

美國在 18 世紀自歐洲輸入杏，該國至 1720 年有關果樹栽培的書中尚無杏的記錄，其後由西班牙傳入加利福尼亞州。加利福尼亞州的生態條件適宜杏樹生長，因此，加利福尼亞州成為美國生產杏最多的一個州。由於對杏仁的巨大需求，美國人在中國杏母本的基礎上進行嫁接改良，終於獲得新品種大杏仁的“加利福尼亞杏”。18 世紀末和 19 世紀初期，美國僅加利福尼亞州就有杏樹 300 餘萬棵，遠銷世界各地，幾乎壟斷了杏的商業性生產。

人參

人參的最早記載見於兩漢期間，當時人們主要是把人參當成神草，大概是因為它像人形而引起的神秘聯想。大約在東漢到三國之間，中國第一部藥物學著作《神農本草經》首次將人參當成藥物收入，稱其為“主養命以應天，無毒，多服久服不傷人，欲輕身益氣不老延年”的上品。

明代以前山西上黨人參最受推崇，潞安府紫團山有“山頂常有紫氣，團圉如蓋，舊產人參名紫團參”一說，但由於過度採挖，幾乎絕跡。唐宋以後，人參成為東北少數民族向封建帝王進貢的珍品，確實如《名醫別錄》記載“人參生上黨山谷及遼東”，人參產地除了山西便是東北。明代以降遼參崛起，東北地廣人稀，環境條件較好，保存了大量高品人參。《本草綱目》提及"上黨，今潞州也。民以人參為地方害，不復採取。今所用者皆是遼參，其高麗、百濟、新羅三國，今皆屬於朝鮮矣，其參猶來中國互市"，記載了從黨參到遼參的轉變，標誌著上黨人參時代的結束。建州女真從人參貿易中收穫豐厚，完成了資本積累，得以建立強大的軍事武裝。

入清之後，由於東北"龍興之地"的龍脈因素，東北人參從此走上神壇，風靡有清一代。其實人參並不是萬能的靈藥，清代溫熱學家們也反覆強調不能過分迷戀人參，不對症下藥，除了巨大的經濟損失之外，不單無利反而有害。

1701 年，法國傳教士杜赫德（Jean-Baptiste Du Halde）來華。他根據中國許多藥學書籍對人參功效的記載和自己的親身體驗，發覺人參確實是一種可以有效提高身體機能的藥物。1708 年，杜赫德受皇帝之命繪製中國地圖，他去東北考察，在一個村子裏見到了當地人採集的新鮮人參，於是他依原樣大小繪製了人參圖。根據田野調查結果，1711 年杜赫德在與印度和中國教區總巡閱使的一封信中詳細敘述了關於人參的資料，試截取一段：

> 中國許多最好的名醫都整本整本地寫了許多關於神奇的植物 —— 人參 —— 稟性的書，他們幾乎在所有為大老

由於美國（花旗國）所產西洋參在貿易量上遠遠超過他國，西洋參由此獲得了新的別稱"花旗參"。

爺們開的藥方中都加了人參。

人參是非常名貴的，一般老百姓無力享用。中國人聲稱對於身心過度疲勞，人參是特效藥，它能使人興奮，治癒肺部和胸部的虛弱，止住嘔吐；它能強健脾胃，增進食慾，驅散邪氣，增強胸部機能，治癒氣虛氣虧；它能振奮精神，在血液中產生淋巴液；它對於頭暈、頭昏是一劑良藥；它還能使老人延年益壽。

如果人參沒有如此經久不衰的好效應，不可想象漢人和滿人還會如此重視這種草根。有的人身體本來很好，為了更強健，仍經常服用人參滋補身體。如果歐洲人有足夠的人參做試驗來取得必要的數據，用化學方法來了解人參的特性，對症下藥，適量地臨床應用，我相信在懂製藥的歐洲人的手裏，人參將是一種非常有效的良藥。

杜赫德的觀察資料雖然不是最早的，卻是最為詳細的，這是人參第一次被介紹到西方世界。此後又接連有傳教士如李明（Le Comte）、拉菲托（Joseph Lafitau）等對人參進行了介紹。雖然西方人沒有像東方人一般如此迷戀人參，卻因為西洋參獲取了暴利，並對美洲的生態環境產生了影響，這也是一種間接的影響。

拉菲托發現這種植物（即西洋參，其實與中國人參並不是一個品種）在北美非常多，法國商人意識到這是一種能夠從中國人手中牟取暴利的寶貝。於是他們在與印第安人做交易時，除了收購毛皮，也開始大量收購西洋參，北美大地出現了一股“挖參熱”，西洋參和皮貨一起成為新大陸最早的出口商品。

清康熙帝即位後開始封禁東北。康熙六年（1667）“罷招民授官之例”，康熙十九年（1680）設柳條邊劃定旗界、民界，尤其禁止開發長白山，造成人參供應緊張，日本的東洋參、朝鮮的高麗參以及北美的西洋參（花旗參）開始佔領市場份額。

1718 年，一家法國皮貨公司試著把西洋參出口到中國，從此開始了西洋參的國際貿易。法國的人參貿易後又被英美接管，1784 年 2 月，中美之間有了第一次直接貿易。“中國女皇”號從紐約出發，滿載著 242 箱約 30 噸西洋參開往中國，於 8 月抵達廣州，交換了 200 噸茶葉以及絲綢、瓷器等物品後返航。

從 18 世紀末到 20 世紀 30 年代，英美向中國運來的西洋參數量非常巨大，一直到 18 世紀後期，出口中國的幾乎都是野生西洋參（平均價格大約每磅 2.5 美元）。鑒於北美野生西洋參資源的消耗殆盡及挖掘對環境的破壞，西洋參價格飆升。美國人開始探索西洋參栽培之路，西洋參栽培之父喬治·斯坦頓於 1885 年在紐約州成功種植了 150 英畝（約 0.607 平方千米）的西洋參，19 世紀末西洋參供應已經完全被人工栽培所取代，有力地使美國在對華貿易中佔據主動。

中國茶葉簡史

中國是茶樹的原產地和原始分佈中心，也是世界上最早飲茶、業茶的國家。這一點不僅有豐富的歷史資料可以證實，也早為 17 世紀瑞典著名植物分類學家林奈所肯定，同時也是世界各國植物學家已經達成的共識。世界各國的茶葉栽培和製作技術均由中國傳入，飲茶習俗和茶文化也同樣由中國輸出。

據植物學家考證，地球上的茶樹植物大約已經有上百萬年的歷史了，世界茶樹的原產地就在中國的雲貴高原一帶，即雲南、貴州、四川三省交界的山區，也就是戰國時期的巴蜀國所轄境內。清初顧炎武在《日知錄》中首次提出“是知秦人取蜀而後，始有飲茗之事”，茶始於“蜀”之說法，目前學術界已基本沒有疑義，巴蜀確實是中國和全世界茶業和茶文化的搖籃。雲南也是世界上發現野生大茶樹最多的地方之一，尤其以瀾滄江兩岸最為集中。

傳說在上古神農時期，中國勞動人民就已經發現了茶樹，並用茶作為解毒藥物，如東漢《神農本草經》記有“神農嘗百草，日遇七十二毒，得茶而解之”，這裏同樣指出茶最早的用途是解毒藥用。陸羽在《茶經》中也說“茶之為飲，發乎神農氏，聞於魯周公”，這僅僅是口頭流傳的傳說，把神農看成五千年前發明飲茶的人物也確實有些武斷了。當然，茶最早作為藥用植物被發現和利用於史前也有一定的合理性，只是在學術界尚未達成共識。

最早關於茶的記載可見《夏小正》，四月“取荼”、七月“灌荼”；《詩經》中提到栽培茶樹事宜，“採荼薪樗，食我農夫”，可知當時農民已經採集茶葉；《爾雅・釋木》中有“檟，苦荼也”；《禮記・地官》記載“掌荼”和“聚荼”，這裏的荼作為祭品以供喪事之用。如果中國的茶葉生產在周代以前就已開始的話，距今也有 4000 多年的歷史了。東晉常璩《華陽國志》記載，武王伐紂（前 1046）以後，巴為封國，四川的“丹、漆、茶、蜜……皆納貢之”，可見當時巴蜀就有以茶葉為貢品的記載，“園有芳蒻香茗”也證明當時的茶樹已經在園中進行栽培，人工植茶至少有 2700 多年的歷史了。

到了春秋時代（前 770—前 476），茶葉生產有了發展，已用作祭品和蔬菜。《晏子春秋》中說：“嬰相齊景公時，食脫粟之食，炙三弋五卵茗菜耳。”戰國時代（前 475—前 221），茶葉生產繼續發展，在戰國後期及西漢初年，中國歷史上曾發生幾次大規模戰爭和人口大遷徙，特別在秦統一四川以後，促進了四川和其他地區的貨物交換和經濟交流，四川的茶樹栽培、茶葉製作技術及飲用習俗，開始向當時的經濟、政治、文化中心陝西及河南等地傳播。先秦之後，便是中國的茶由巴蜀向外逐次傳播的階段，中原也開始有茶事記載。

西漢時期（前 206—8），茶葉成為主要商品，且由雲南擴散到了四川。漢宣帝神爵三年（前 59），蜀人王褒所著《僮約》，內有“武陽買茶”及“烹茶盡具”之句，武陽即今四川省眉山市彭山區，說明在漢代，像武陽那樣的茶葉集散市場已經形成了，四川產茶已初具規模，製茶方面也有改進，所以才能投放市場成為重要的商品。此時，茶葉已經成為士大夫生活的必需品，王褒《僮約》裏的家僮每天既要在家烹茶，又要外出到武陽買茶，還要把茶具收拾乾淨，這是飲茶、茶業得到一定發展的重要標誌。不過即使到了東漢（25—220），茶業範圍還限於長江中游地區。

茶從被發現，到成為士大夫的飲料，經過了很長的一段時間。由最初的藥用，再到祭品、菜食，直至成為飲料，茶經過了 2000 多年的歷程。

兩漢以後，茶葉生產推廣到了長江中下游及以南地區。江南初次飲茶的記錄始於三國，在《吳志·韋曜傳》中，“或密賜荼荈以當酒”，敘述了孫皓以茶代酒的故事。

兩晉時期（265—420），寺廟栽培的茶樹就有採製為貢茶的。產茶漸多，關於飲茶的記載也多見史冊，及至晉後，茶葉的商品化已到了相當的程度。西晉左思《嬌女詩》說“心為茶荈劇，吹噓對鼎䥶”，左思把兩個嬌女用嘴吹爐、急等茶吃的情景活畫出來，說明飲茶風氣已傳至家庭婦女；而且左思生平未離開北方，這也有力地說明了中原（洛陽）官宦人家已經開始飲茶。

南北朝時期（420—589），佛教盛行，山中寺廟林立，無寺不種茶，各寺廟都出產名茶。沒有茶葉生產的大發展就不可能有名茶的誕生。《南齊書·武帝本紀》中提到，蕭頤臨死前詔曰：“我靈座上，慎勿以牲為祭，但設餅果、茶飲、乾飯、酒脯而已。”從中可以明顯看出，當時江南地區飲茶已經和喝酒、吃飯並列，成為日常生活必不可少的內容。《洛陽伽藍記》敘述北方民族雖不尚茶，但宮廷必備茶，茶飲綿延於中原社會。

到了唐代（618—907），茶區擴大到全國，飲茶風靡全國，茶成為人們喜愛的飲料。從唐開始，“荼”去一畫，始有“茶”字；陸羽作《茶經》，方有茶學；對茶開始收稅，建立了茶政；茶的外銷，帶來了茶的邊境貿易。具體來說，唐中期以後，是茶具有劃時代意義的重要時期，史稱“茶興於唐”或“茶盛於唐”。中唐（766—835），江南大批茶葉經長途運往華山，北方人民飲茶逐漸成風。據封演《封氏聞見記》記載，開元中山東、河北、西安等處“城市多開店舖，煎茶賣之，不問道俗，投錢取飲”，這說明北方人也養成飲茶習慣，且茶已不再由貴族和士大夫階級獨享了。禪宗對唐代茶業的大興盛也起到了十分重要的作用，由於“安史之亂”，禪宗極受歡迎，《封氏聞見記》也說，泰山靈岩寺一開門傳宗，很快便風靡中土，直接結果就是茶飲的風俗化。開元以後，宮廷用茶數量與日俱增，茶政、貢茶和茶稅依次誕生，《舊唐書》中記載德宗建中三年，“茶之有稅，自此始也”。

這裏值得一提的就是“茶聖”陸羽於758年成書的世界第一部茶業專著《茶經》三卷，對茶葉生產做出了巨大貢獻，不但總結了唐代以前勞動人民在茶業方面取得的豐富經驗，傳播了茶業的科學知識，促進了茶葉生產的發展，而且以此為起點，茶業專著相繼出現。

從飲食方式上看，唐代以前普遍流行的是“煮茶法”，唐代以後則以餅茶為主，直至元明時期出現散茶泡飲法，沿襲至今。茶文化在唐代發展空前，受到王公貴族的追捧，“茗戰”始於唐代，到宋代則稱“鬥茶”，當然又有新的發展。

宋代（960—1279）也是茶業有較大變革的時代，有“茶興於唐，盛於宋”的說法。宋代，由於氣候由暖變寒，茶區向南轉移，南方茶業獲得明顯發展，產茶地區由唐代的43個州（《茶經》）擴展為66個州（《太平寰宇記》），就福建、兩廣來說，緯度比唐代南移了不少。宋代茶風更盛，宋徽宗趙佶所著《大觀茶論》足以說明。孟元老《東京夢華錄》也記載：“開封朱雀門外……以南東西兩教坊，餘皆居民或茶坊。”南宋臨安（今杭州）茶肆林立，鄉鎮茶館繁盛，茶館文化獲得了較大的發展。吳自牧在《夢粱錄》中記載了茶館類型和功能的多樣化發展，如有高低檔茶館之分以迎合不同階層品茶對象，高檔茶館為文人雅士敘談、會舊、品茗、賞景、吟詠提供了場所，也是富商大賈光臨之處，茶館有茶博士伺候，有的還有藝妓吹拉彈唱；檔次較低的茶館則是諸行賣技人會聚之所。因與遼金長期對抗，且有邊防和納貢的需要，宋代由唐代的自由買賣從中徵稅，演變成了官營買賣的榷茶制度。沈括《夢溪筆談》記載，在北京、南京、漢陽等地“各置榷貨物”，開始榷茶，“榷川茶以換取邊馬”。邊茶的茶馬互市制度也真正形成，南宋吳曾在《能改齋漫錄》中形容：“蜀茶總入諸蕃市，胡馬常從萬里來。”

茶文化的傳播使茶成為“世界三大飲品”之一。

元代（1271—1368），茶業和茶文化的發展繼續呈上升趨勢。元朝不缺馬匹，邊茶主要以銀兩或土特產交易。據王禎《農書》記載，元代用機械製茶，有些地區利用水力帶動茶磨和椎具碎茶，這顯然較宋朝的碾茶又前進了一步。

明代（1368—1644），明太祖朱元璋詔曰“天全六番司民，免其徭役，專令蒸烏茶易馬”，重開茶馬互市；“唯命採芽以進”，改餅茶為散茶，改煮茶為泡茶，影響深遠。明代也是製茶發展最快的朝代，明代以前殺青大多沿用蒸而少用炒；明代製茶，如屠隆《茶箋》所說，“諸名茶法多用炒，惟羅岕宜於蒸焙”，可見明代的名茶基本上採用炒來殺青了。炒青綠茶也是獨步一時，明代各種茶書講製茶一般也主要介紹炒青的生產流程。

清代（1644—1911），一般被認為是中國古代傳統茶學由盛轉衰的一個時期。一方面，茶書數量明顯下降，據萬國鼎《茶書總目提要》收錄，明代有茶書 55 種，清代僅有 11 種；另一方面，關於茶的技術沒有顯著提升，以繼承為主。

在清道光末年，中國紅茶崛起，同治《平江縣志》記載“道光末，紅茶大盛，商民運以出洋，歲不下數十萬金”，紅茶受鴉片戰爭後出口貿易的影響而激增。中國出品茶葉約佔全部出口商品的 60%左右，但是工業革命後的資本主義國家在擴大市場的同時進行殖民侵略，用鴉片換取茶葉以改變貿易出超局面，中國茶葉大宗出口的優勢逐漸消失。鴉片戰爭後，中國茶葉市場被進一步打開，與世界市場對接，出口激增，歷史上最高出口數量在 1886 年，達 2 217 200 擔（11.086 萬噸）。此後，由於印度等國家引種成功，加之西方國家實行保護政策，中國茶葉出口量連年下落。1886 年可以被認為是中國古代茶業發展的最後一個巔峰，此後就逐漸衰退並朝近代化的方向發展。

民國時期（1912—1949）一直戰火不斷，茶業發展可謂是步履維艱。雖然在清末民初，中國茶業組織有一定振興，也採取派遣專業人員出國學習等措施，使得茶樹栽培和管理技術、機器製茶逐步推廣，但是由於客觀條件和客觀環境制約，始終無法完成茶業復興。更嚴峻的是，當時的中國由於貧窮落後、工業基礎薄弱、人多地少、受傳統束縛等原因，廣大茶農仍舊採用傳統製茶方法居多。

中華人民共和國成立以後，百廢待興，茶業發展得到黨和國家的高度重視，於 1949 年當年就召開全國茶葉會議，為茶業發展指明了出路。政府採取一系列措施恢復和發展茶業，建立茶廠、加大科研力度、引進先進技術、培養茶區、擴展貿易市場等。時至今日，中國茶葉名揚天下，許多名茶為世人所知所愛，茶葉產量、茶區面積、出口總量均在世界前列。截至 2017 年底，中國茶區面積為 4588 多萬畝，2018 年產量為 260.9 萬噸，出口數量為 35.5 萬噸，實現了茶業的復興，並創造了歷史上前所未有的巔峰。

中國的茶有著 4000 多年的歷史，在科技發達的今天，我們強調茶葉生產必須現代化，但是也離不開中國傳統的製茶技術，只有兩者有機結合，才能繼續茶業的繁榮。

稻田養魚

稻田養魚，簡單說就是利用稻田淺水環境輔以人為措施，既種稻又養魚，以提高稻田效益的一種生產形式。《農業辭典》稱："稻田養魚是魚類養殖的一種方式，即利用稻田水面培育魚種或食用魚。稻田中需要開挖魚溝、魚溜以便魚類在高溫、烤田時進入魚溝、魚溜。進出水口處應設有攔魚設備，以防逃魚或野魚進入。如用於培育魚種，以放養鯉、鯽、草、鰱、鱅、鯿、魴等魚種為主；如飼養食用魚，以放養羅非、鯉、鯽為主，每畝放養 1000—2000 尾，或單放羅非魚 1000 尾左右。放養時間以插秧 7—10 天後為宜。"

我國淡水養魚已經有 3000 多年的歷史，稻田養魚是淡水養魚的重要發展，其歷史同樣源遠流長。據 2005 年的一則新聞報道，浙江省青田縣方山鄉龍現村稻田養魚的歷史已經有 1200 年了，且被確定為世界農業遺產保護首批 4 個項目之一，將得到聯合國糧農組織的保護。游修齡從人類學和民俗學的角度，推斷浙江永嘉、青田等縣的稻田養魚歷史可追溯到兩千年前。倪達書推斷《養魚經》成書的時間在前 460 年左右，那時群眾養鯉之風大盛，塘少魚苗多的情況必有發生，聰明人便有意識地將多餘的魚苗暫養到稻田中，相沿成風，比較自然順理地發展了稻田養鯉。江浙一帶在春秋時期都屬於越國，江南農耕習慣大同小異，古越人在這裏生息繁衍，司馬遷在《史記 · 貨殖列傳》中形容"楚越之地，地廣人稀，飯稻羹魚，或火耕而水耨”。託名陶朱公的《養魚經》至遲成書於西漢時期，記載的是太湖地區的養魚經驗。因此，如果兩位先生的推斷成立，那麼稻田養魚歷史不下於兩千年了。

我國是世界公認最早的稻田養魚國家，究竟最早產生於何時？學術界觀點不一，爭論的核心主要是“稻田養魚”和“稻田有魚”的區分。根據文獻和考古的雙重證據法，目前學術界比較認同的觀點是“東漢說”。“東漢說”所依據的文獻是東漢末年曹操的《四時食制》：“郫縣子魚，黃鱗赤尾，出稻田，可以為醬。”考古工作者分別在陝西漢中（1964—1965）、四川峨眉（1977）、陝西勉縣（1978）發掘出東漢時期的墓群，出土了一系列稻田養魚的模型文物，這與曹操的《四時食制》文獻記載時間是一致的。但也有學者對“東漢說”提出質疑，認為“東漢說”所依據的雙重證據法不足以證明其成立。同樣，對稻田養魚的起源地也沒有統一的說法。

稻田養魚應該最早開始於太湖地區，因為太湖地區有農業氣候條件優越、土地資源豐富、水網密佈、雨量充沛、稻作技術成熟等諸多優勢；而且到了中唐以後，太湖地區形成了塘浦圩田系統，至五代吳越時，太湖地區已經形成了“五里七里一縱浦，七里十里一橫塘”的完整體系，水稻多熟種植十分發達。稻田養魚具體起源於何時尚不可考，但無疑是古代勞動人民在生產實踐中發現了“稻魚共生”的生態模式，從而萌發了“稻田養魚”的想法。所以，可以將“稻田養魚”理解為對司馬遷描述的“飯稻羹魚”生活方式的一種創新和發展。游修齡先生推斷：“回顧了吳越的‘飯稻羹魚’歷史，就可以理解，當山越被迫逃進山區後，他們原先‘飯稻羹魚’生活中的河海魚食，完全斷了來源，原有的生活方式不能繼續了。‘稻田養魚’可說是山越對‘飯稻羹魚’的

稻田養魚是一種農業多種經營，是生物多樣性在宏觀系統層面上的有效利用；與單一的水稻種植或魚類養殖相比，屬於人工的和諧的複合生態系統，使稻田的生態系統從結構和功能上都得到了合理的改造。水稻是這一生態系統的主體，是絕對優勢的種群。

應變和創新。”稻田養魚是對傳統稻作農耕的合理發展，因此，稻田養魚歷史應該是十分悠久的。

到了唐朝，官方明文三令五申禁止捕食與買賣鯉魚。唐代《酉陽雜俎》卷一七記載：“國朝律，取得鯉魚即且放，仍不得吃，號赤鯶公，賣者杖六十，言‘鯉’為‘李’也。”《舊唐書 · 玄宗紀上》記載開元三年（715），“禁斷天下採捕鯉魚”，開元十九年，又“禁採捕鯉魚”，那麼即使當時已經存在稻田養魚，也應該隨之夭折了。只有政令不易及的地方如偏遠山區，農民為解決婚喪嫁娶、節日吃魚的問題，仍維持著稻田養魚的傳統，不過放養方式很粗放，產量也不高。

明洪武二十四年（1391）《青田縣志 · 土產》載：“田魚有紅黑駁數色，於稻田及坪地養之。”證明浙江青田縣在明初已經開始稻田養魚，是目前最早最確實可信的史料；成化《湖州府志》載“鯽魚出田間最肥，冬月味尤美”，是目前太湖地區最早的史料。

明清時期，稻田養魚得到深入發展，在南部太湖地區已經普遍存在，而且古代勞動人民對稻田養魚產生了更深層次的認識，在利用方式上出現了創新。清康熙《吳江縣志》“物產 · 鯽魚”條目下，註明“出水田者佳”，清代在吳江縣的稻田養魚已經不僅僅局限於鯉魚，鯽魚亦成為主要放養品種，而且鯽魚“出水田者佳”，從另一個角度闡明了稻田養魚所產鯽魚較湖泊、江河、池塘所產鯽魚品質更佳。但當時的稻田養魚水平較低，粗放經營、管理不善、放養魚類種類單一、產出不高，田魚主要是自養自食。明清時期稻田養魚雖然發展成為農村的重要副業，但受小農經濟的局限，農民自發性生產、經營分散、信息閉塞，稻田養魚不可能得到有組織的技術指導，各地在稻田養魚方法和單產方面差異較大，無法集中力量，生產規模和技術均無大的進步。

民國時期稻田養魚得到進一步推廣和深入發展。民國二十三年(1934)，稻作試驗場曾在松江繁殖區進行稻田養魚試驗，魚種為鯉、青、草、鰱、鳙等；同年 8 月投放，至 10 月鰱魚體重增長 5 倍，鯉魚增長 20 倍，最大的個體達 250 克以上；1937 年該試驗場孵出 2 萬尾魚苗，提供給農民在稻田中飼養。這一時期稻田養魚得到政府機構的重視，出現了稻田養魚的生產指導性機構，根據科學實驗總結出了頗有成效的科學理論，用於指導農民稻田養魚的生產實踐，起到了一定的促進作用。但這畢竟是農業試驗場的局部推廣，由於時局動盪等因素，稻田養魚不能穩定發展，而且不是農民自發積極地進行生產，難以在全省形成規模，其技術也以總結已有經驗為主。

小米“大事記”

粟（小米）在中國馴化完成，中國成為世界粟作起源中心。在中唐之前，粟一直是中國最重要的糧食作物，被稱為“五穀之首”，古代“貴粟”便是重農的代名詞。具有超然地位的粟奠定了中華文明的基礎，新石器時代以來，以粟為中心的農耕生活決定了其比稻更早地影響世界。

粟的傳播路線

粟和黍（黃米）的栽培、食用方式較為相近，常常混雜，因此在中東、近東、歐洲歷史上常常將兩者統一稱呼，在文本中難以區分，增加了傳入時間分析的複雜性，但是黍的重要性要遜於粟。

前 4500 年，粟從長江流域轉經中亞，傳入亞洲西南部（印度）。前 2000 年，粟從黃河流域傳入朝鮮半島、東南亞等地。粟和稻幾乎同步傳入東南亞地區，然而在公元前，粟比稻應用得更加廣泛。粟很可能是由川、滇的夷人通過陸路經緬甸、泰國和馬來半島傳入南洋群島。早在前 1700 年，粟就在法國的阿爾卑斯地區引種栽培，但是經過青銅時代晚期的精耕細作之後，在鐵器時代初期，由於氣候惡化（主要是降雨量減少），粟的種植歸於沉寂。直到古羅馬時代、歐洲中世紀，粟再次迸發巨大活力。由此可知，粟傳入歐洲的時間並不晚於亞洲其他地區。目前，粟在歐洲的意大利、德國、匈牙利等國栽培較多。

關於粟的西傳路線，有人認為到達西亞以後，又分為兩個傳播渠道：一是沿地中海北岸，從希臘到南斯拉夫、意大利、法國南部的普羅旺斯、西班牙一線；二是沿多瑙河流域，從東南歐穿過中歐，直到荷蘭、比利時等低地國家地區。粟開創了歐洲原始農業的先河。

事實上，粟在梵語、印地語、孟加拉語、古吉拉特語中分別稱"Cinaka""Chena (Cheen) ""Cheena""Chino"，都是"秦"或"荊（楚）"的諧音，波斯語則作"Shu-shu"，不僅能夠反映域外文化與中華文化之間具有某些聯繫，也可以佐證粟西傳的歷史事實。

粟經山東半島或遼東半島傳入朝鮮和日本，以及中國的雲南、台灣等地區。日本在繩紋文化末期已經栽培粟，在水稻傳入後，粟的地位才有所下降。中國台灣情況類似，種粟先於種稻，直到今天，高山族刀耕火種的主要農作物依然是粟，可見粟在傳統農業形態中佔有舉足輕重的地位。

總之，在史前至遲到中古時期，粟已經在當時世界上已知的大部分地區種植。粟在大移民時代由歐洲人帶入美國，20 世紀初已佔美國黍類作物的 90%。

粟的深遠影響

粟較強的抗逆性和價格的低廉性，決定了可以在相對貧瘠的土地、降雨相對不好的年景取得產量並用於救荒。

粟的食用價值在世界古代史、中古史上不可或缺。羅馬帝國時期，粟作為重要作物貫穿於農業社會的始終。然而上流社會食之甚少，食用粟與否，甚至可作為區分社會地位高低的一個標誌。縱觀整個古羅馬時代，粟不僅僅作為飼料那麼簡單，它在農業生產、日常烹飪、醫藥服用等方面佔有重要的地位，與經濟發展和文化價值息息相關。

歐洲中世紀時期，粟是窮人最重要的食物。到了 19 世紀，西歐的粟逐漸被小麥、土豆、玉米、黑麥和水稻（尤其是前三者）所取代，這與歷史上中國北方粟地位下降殊途同歸，主要原因在於其他糧食作物的高產屬性，以及粟不是製作麵包所必需的原料。儘管受到其他作物的排擠，如印度河下游、恆河下游的河谷和三角洲集中栽培稻，但仍有大片土地尤其是貧瘠的土地種植粟。

中國台灣不單種粟、食粟，更是把粟奉為祖先的神靈，對於水稻則不甚青睞，水稻很難進入台灣的粟作群體。南洋群島當地的原始農業文化——塊莖文化和後發的稻文化之間，顯然還有一個介乎兩者中間的粟文化，所以才有印度尼西亞“粟島說”。

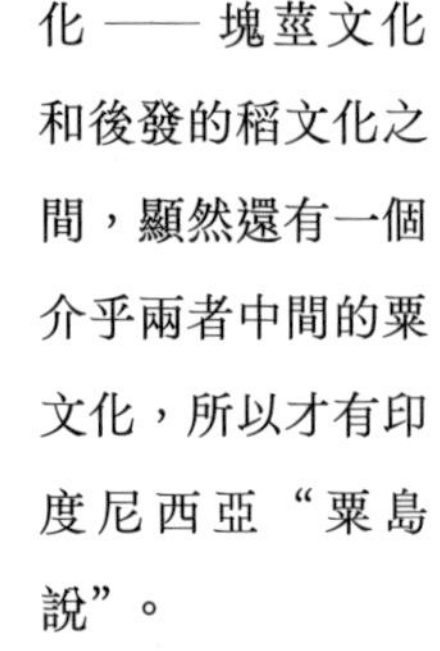
粟很有可能是先民們從狗尾草馴化而來的。

現在，粟在世界糧食作物中所佔的份額低於以前，歐洲世界的縮減是比較重要的因素，

但粟在西歐地區依然有小區域種植，主要作為家畜的飼料；在東歐，粟則一直作為製作麵包和發酵酒的重要原料，得到大量種植並具有舉足輕重的地位。中國、印度、西非等地更是如此，是世界上粟的主要生產地和消費地。

英語稱粟為“millet”，它來自中古法語，中古法語又來自拉丁語“milium”，所以粟的拉丁學名叫“Miilacium”，它源自印歐語“mele”，是“壓碎”“磨碎”的意思，因此由“mele”衍變為“mill”（磨），這些都是從原始農業使用石磨盤脫殼、磨粉中引申出來的詞，也是滋生新詞的根本。由於磨成的粉很細小，無法計數，所以用“million”（百萬）這樣的詞形容數量極多。探析該詞的源頭，可見原始農業種植的粟及其加工用的石磨盤發生“血緣”的關係，可以將粟的歷史追溯到很久之前，乃至為原始農業的基礎。

絲綢之路上的蠶絲

中國是世界農業發祥地和起源中心之一，農作物是中國向域外國家輸出的主要物產。可以毫不誇張地說，農業交流作為古代中外交流最重要的一環，肩負著世界農業文明的重任。而這些交流又都是通過陸海“絲綢之路”展開的，從這個意義上來說，“絲綢之路”是中外交流的橋樑，而絲綢又是絲路開通並持續運行、發展的關鍵原因。“農業四大發明”——稻作栽培、大豆生產、養蠶繅絲和種茶製茶，對人類生存和發展的貢獻並不遜色於“四大發明”，並且在中國科學院 2016 年發佈的 88 項“中國古代重要科技發明創造”中，“養蠶繅絲”赫然在列，可見其地位之重要。

養蠶繅絲起源於中國

中國是世界上最早發明養蠶繅絲的國家，1984 年在河南滎陽縣青台村一處仰韶文化遺址中，出土了中國最早的絲織品實物——一些平紋組織物和組織稀疏的淺絳色絲織羅，這些絲織物殘片可以追溯到距今約 5500 年前。類似遺址在中國屢見不鮮，如山西省西陰村仰韶文化遺址、浙江省吳興縣錢山漾遺址等均有發現絲織品的殘存，可見在當時蠶絲就已經廣泛作為織物原料，並且在標誌著新石器時代的仰韶文化時期，中國原始居民就已經開始養蠶製絲。

在商代時，我國的繅絲技術就已經相當成熟了，周代養蠶已有專門的蠶室，東漢已有了提花織機。而後經過數千年的發展，中國的養蠶繅絲技術長期處於世界領先地位，為世界蠶業發展做出了巨大貢獻。對此，中國科學院外籍院士李約瑟更是給出了“絲綢是古代中國人帶給世界的瑰寶”的讚美。

“農桑並舉”“男耕女織”歷來是中國傳統農業的特點。絲織業是傳統社會的支柱產業，蠶桑類農書汗牛充棟，可與糧食種植業“一較高下”。唐天寶年間（742—756），朝廷收受絹帛數佔全國賦稅總收入的三分之一左右。而後民間新型的獨立絲織業作坊“機戶”的出現，是宋代絲織業興盛的一個標誌。宋元時期以後，南方絲織業迅速發展，太湖流域已是全國主要的商品蠶絲產區，明代後期江南甚至出現以絲織業為代表的所謂的“資本主義萌芽”，清康熙帝在《蠶賦》序中稱“天下絲縷之供，皆在東南，而蠶桑之盛，惟此一區”。當時絲綢生產和貿易成為朝廷一大財源，官方也認為“公私仰給，惟蠶絲是賴”。古代時期絲綢（生絲）一直是中國出口商品的大宗，直到 1718 年茶葉超越絲綢（生絲）位居出口值第一。

19 世紀中期以前，中國生絲對歐洲出口長期佔據整個西方市場的生絲進口的 70% 以上，明人王世懋在《閩部疏》中說：“凡福之綢絲、漳之紗絹……其航大海而去者，尤不可計，皆衣被天下。”然而，在 19 世紀末到 20 世紀初期，中國蠶絲生產的優勢地位被日本取代。明治維新後，日本政府重視發展絲織業，通過開拓國外生絲市場，使日本經濟蒸蒸日上，並使日本從一個落後的傳統國家，迅速轉變成近代的資本主義國家。日本蠶絲產業佔據了西方蠶絲市場的 70%，絲織業也被稱為日

科學史學家李約瑟稱："絲綢是古代中國人帶給世界的瑰寶。"中國是世界養蠶繅絲的起源地與中心地。作為中國大宗物產，蠶絲不僅豐富與美化了傳入國的物質生活，更導引了紡織技術的變遷，甚至還在政治、文化上起到諸多作用。但是外國對中國蠶絲的認識也是漸進的，逐漸釐清了一些知識上的誤區；此外，蠶絲與養蠶繅絲技術也不是同步傳播的，技術晚於實物若干世紀，但這並不是因為中國的技術封鎖，而是其他國家的別有用心。

本經濟起飛的“功勳產業”。如今，世界上已有約 40 個國家和地區有蠶絲生產業，其中中國、印度、烏茲別克斯坦、巴西和泰國是世界的蠶絲主要生產國。中國至今仍是世界最大的蠶絲生產國，年產量約佔世界總產的 70% 以上。

蠶絲在絲綢之路上穿行

在古羅馬時期，西方人就知道中國的絲綢，他們將蠶稱為“Ser”，因此稱中國為“Seres”（絲國），“賽里斯”成為中國的代稱，“賽里斯織物”即是絲綢。近代以來德國地理學家李希霍芬（Ferdinand von Richthofen, 1833—1905）也據此命名絲路。

地中海地區是西方世界最早與中國絲綢接觸的地區，羅馬人第一次真正地與中國絲綢相遇可以追溯到公元前後，絲綢經匈奴人、帕提亞人等商人之手逐漸西傳。我們耳熟能詳的故事就是凱撒大帝擁有的華麗織物——絲綢，一經亮相便震動了羅馬貴族，故事有好幾個版本，主角均是凱撒大帝。見多識廣的羅馬貴族紛紛讚揚絲綢之輕柔、華麗，可見絲綢之稀有，穿著亞麻、羊毛織品的羅馬人從未想象過還有絲綢這樣的華美織物，所有珍寶在絲綢面前均黯然失色。在絲綢的誘惑下，掀起了一系列蝴蝶效應，大批販絲商人接踵而來，成就了“商胡客販，日款於塞下”的繁榮局面，這條路線單程就需要近一年時間，但這也不能阻止販絲商人的腳步。

“西方絲綢熱”以古羅馬為最盛，傳播速度也快得驚人，不只是羅馬貴婦人，即使是羅馬男子也追捧絲綢。可能由於絲綢帶動的奢靡風氣，抑或由於絲綢有挑動情慾的嫌疑，羅馬元老院認為絲綢毀壞了他們的名譽，於是在公元 14 年詔令禁止男子穿戴絲綢，這也使女子使用絲綢受到了一定的限制。因此，關於能否穿戴絲綢的激辯經常發生，但當時的羅馬正處在全盛時期，整個社會被揮金如土、追求時髦的風氣所籠罩，絲綢有禁不止，著絲之風滲透到各個階層，即使是腳夫和公差也穿著絲綢。奧勒良皇帝（270—275 年在位）時期 1 磅絲綢在羅馬竟能賣到 12 盎司（約 340 克）黃金，幾乎與黃金等價。

公元 395 年羅馬帝國分裂，羅馬作家兼行政官普林尼和其他一些歷史學家認為是黃金的外流削弱了經濟，最後導致羅馬帝國分裂。但分裂後的東羅馬帝國對絲綢的需求較之前有過之而無不及，甚至爆發了東羅馬帝國為打破波斯對絲綢的壟斷，希冀同中國直接對話的“絲絹之戰”。查士丁尼統治期間，東羅馬帝國與波斯關係緊張，境內的絲綢價格飛漲，民眾怨聲載道。因此，帝國迫不得已採用政府限價的方法，規定“嚴禁每磅絲綢的價格高於 8 個金蘇（每個金蘇含 4.13 克黃金），違者財產全部沒收充公”。

其實不只古羅馬的絲綢是由中國傳入的，世界上大多數國家的蠶種和育蠶術都源於中國。前 11 世紀，蠶種和育蠶術傳入朝鮮，在 3 世紀時日本已有絲織業，3 世紀後半葉蠶絲進入西亞，4 世紀前蠶絲向南傳入越南、緬甸、泰國等東南亞地區，復經東南亞傳入印度（西亞傳入印度亦有可能），6 世紀傳到了拜占庭帝國，7 世紀傳入阿拉伯和埃及，其後傳遍地中海沿岸國家，8 世紀傳入西班牙，11 世紀傳進意大利，15 世紀到達法國，17 世紀由英國人帶入美洲。而傳入拉丁美洲地區，是從 1571 年至 1815 年，以絲綢為主的大量中國貨物在菲律賓轉口，通過“馬尼拉帆船貿易”進入拉丁美洲市場的。

育蠶術西傳首先到達于闐，這在《大唐西域記》中有明確的記載，但是，包括《大唐西域記》在內的很多文獻都有“偷帶育蠶術出境”的傳說——“公主藏到帽子中”“傳教士藏於竹杖中”等不一而足，實際上這些說法均是臆測。中國從未禁止桑蠶術外傳，當然這些故事也從側面反映出蠶種和育蠶術的重要性。

實際上真正“密不外傳”的是外國，而非中國：波斯從中國進口生絲進行再加工，其後再出口成品賺取差價；東羅馬人雖然掌握了蠶絲生產技術，但君士坦丁堡出現了龐大的皇家絲織工場後，就獨佔了東羅馬的絲綢製造和貿易，並壟斷了歐洲的蠶絲生產和紡織技術，而這種狀況一直持續到前 12 世紀中葉，到十字軍第二次東征後才結束。可見由消費者向生產者的轉變是歷史的必然選擇，但往往要經歷漫長的時間演變。

西方學者特別偏愛解讀蠶桑技術，法國人杜赫德（1674—1743）主編的四卷本百科全書式的名著《中華帝國全志》（1735 年出版），其卷二中摘譯了《農政全書》蠶桑篇。1837 年，法國人儒蓮（Stanislas Julien, 1797—1873）把《授時通考·蠶桑門》和《天工開物·乃服》中的蠶桑部分譯成了法文，編輯成書並以《蠶桑輯要》的書名刊印，為歐洲蠶業發展提供了極大幫助。達爾文亦閱讀了儒蓮的譯著，並稱其為權威性著作，他還把中國養蠶技術中的有關內容作為人工選擇、生物進化的一個重要例證。

茶葉旅行

我國是茶樹的原產地和原始分佈中心，也是世界上最早飲茶、業茶的國家，人工植茶至少有 2700 多年的歷史。茶葉的母國 —— 中國自然肩負起傳播茶種、茶文化的重任。作為三大飲料之首，茶葉是“農業四大發明”中唯一的非必需品，僅論有影響的中外茶葉紀錄片就有 9 部之多，如 BBC（英國廣播公司）《茶葉之路》等，居於各大作物之首，茶葉的世界影響力可見一斑。畢竟在世界絕大部分地區人們已經過了溫飽階段，開始追求精神上的享受與依歸，茶文化這個亙古話題還將歷久彌新。

中國茶的對外傳播也分為陸路和海路兩條：陸路，沿絲綢之路向中亞、西亞、北亞、東歐傳播；海路，向阿拉伯、西歐、北歐傳播。

茶葉在亞洲

在中國朝貢體系中的東亞最先享受茶葉，這在情理之中，茶葉之外的其他作物一般也是第一時間傳入朝鮮、日本，畢竟有地緣優勢，又是文化相親。據說三國時期，茶葉在江南正方興未艾，朝鮮已經引茶入朝，比較確定的是高麗王朝記載：828 年 12 月“入唐回使大廉持茶種子來，王使植地理山。茶自善德王時有之，至於此盛焉”，茶文化逐漸走向頂峰。

大約在 6 世紀中葉，茶經朝鮮輾轉傳入日本。805 年，最澄法師將製茶技術和茶種帶回日本，又有空海、永忠法師傳播推介，茶葉在日本上層社會普及。1191 年，榮西法師將茶籽再次帶回日本種植，在他的大力宣傳下，茶葉在全社會處處開花，榮西法師的《吃茶養生記》為日本的茶葉"聖經"。在思想上，日本茶道從榮西法師開始就融合了佛教思想。15 世紀，被譽為"茶道之祖"的村田珠光開創了以閒寂質樸為中心理念的日本茶道；16 世紀晚期，千利休集茶道之大成，提煉出"和·敬·清·寂"，構建了完整的茶道體系；日本茶道的重要思想——一期一會，首次在千利休的弟子山上宗二的《山上宗二記》中出現。在形式上，日本茶道繼承了明代以前的末茶及點茶法。明代以前茶葉大都做成茶餅，再碾成粉末，飲用時連茶粉帶茶水一起喝下。雖然傳統，但是卻繼承了中國古代茶文化的精神內核。

茶葉在歐洲

歐洲受茶葉影響至深，雖然早在 851 年，阿拉伯人蘇萊曼在《中國印度見聞錄》中就提到了茶葉，但是茶葉得到接受相對較晚。元朝和明朝，傳教士將中國的茶介紹到歐洲，《利瑪竇中國札記》對中國的飲茶習俗有詳細的記載。但是，茶葉一直沒有真正進入歐洲人的生活。

16 世紀開始，茶葉在西方真正得以漸次推廣。一說 1517 年，葡萄牙海員從中國帶去茶葉，但此說有爭議。比較確鑿的是 1610 年，荷蘭人首次將茶葉運回歐洲，開創了西方飲茶之風和中西海上茶葉貿易之先河。但是茶葉在傳入歐洲之初被視為一種藥物，或者作為一種新興商品在咖啡館出售。這個狀況直至有"飲茶皇后"之稱的凱瑟琳公主大力推廣飲茶才開始改變。

17 世紀 60 年代，在 1662 年嫁給英國國王查爾斯二世的葡萄牙公主凱瑟琳·布拉甘薩公主（Catherine of Braganza）的推動下，飲茶之風開始在宮廷流行。凱瑟琳公主所帶的嫁妝中就包括 221 磅中國紅茶和精美的中國茶具，成為王后的凱瑟琳公主經常在王宮中招待貴族們飲茶，於是貴族階層爭相效仿，飲茶很快成為英國宮廷的一種禮儀和社交活動。

19 世紀維多利亞時代，安娜·瑪麗亞公爵夫人（Anna Maria, Duchess of Bedford）首創"下午茶"，也漸成風氣。1840 年前後，卸任倫敦白金漢宮內女官職務的安娜·瑪麗亞，住在位於倫敦以北約 100 千米處的貝德福德公爵府邸。當時英國貴族的飲食習慣是早餐十分豐富，中午則多外出野餐，只吃少許麵包和肉乾、奶酪及水果等。兼作社交場合的晚餐則安排在欣賞音樂會或戲劇之後，且晚餐時間變得越來越晚。為了緩解午餐與晚餐之間的飢餓問題，安娜·瑪麗亞公爵夫人開始在午後 3—5 點間吃三明治和烘焙點心，同時也享用紅茶。後來，公爵夫人邀請客人們到府邸中被稱作"藍色會客廳"的房間，拿出紅茶和餐點來招待他們。公爵夫人的做法在貴婦之間獲得好評，下午茶也得到推廣並固定下來。

最初，茶因價格昂貴，通常為王公貴族享用的奢侈品。但是宮廷的飲茶風尚成為世俗階層模仿學習的對象，老百姓也希望通過飲茶來標榜自己擁有上流、講究的社會生活。終於，隨著茶葉貿易量增加，價格下降，茶逐漸成為大眾飲品。

1699 年，英國東印度公司的船隻第一次抵達廣州，開啟了與中國的直接貿易聯繫，此後，中國茶葉開始大規模輸入歐洲。80% 的英國人每天飲茶，茶葉消費量約佔各種飲料總消費量的一半，因此，英國茶的進口量長期遙居世界第一。17 世紀，中國茶葉的出口量猛增，至 1718 年，茶葉出口已經超越生絲居出口值第一。18 世紀中期，茶真正進入歐洲平民的生活之中，尤其是英國飲茶之風愈演愈烈。高峰時英國獨佔華茶出口總量的 90%。

世界第一飲料

茶文化在英國也發生了重大改變，即飲茶時加入牛奶和糖。1845 年，弗里德里希・恩格斯（Friedrich Engels）在一份關於工人家庭日常飲食的觀察報告中寫道："一般都喝點淡茶，茶裏有時放一點糖、牛奶和燒酒。"關於為什麼加入這些，連英國人自己都已經說不清了，一般認為是為了祛除茶的苦澀。其實這也與英國人的飲食習慣有關，英國有嗜好牛奶、糖分的傳統。更為重要的是，在不同時空條件下，加糖或牛奶的比例不是一成不變的，所以這是一個比較複雜的問題。其實，喝茶加糖的習俗大概起源於 17 世紀末 18 世紀初，以適當平衡茶的苦味。但是英國本身並不產糖，糖在英國也是一種昂貴、稀缺的物資，茶葉與糖兩個昂貴的物質相遇，反映了英國人奢華而體面的生活。隨著海外殖民地的開拓，英國才逐漸擁有了充足的糖料來源。但是很快貴族階級就覺得加糖會影響身體健康，因而加奶的習俗就這麼誕生了，香氣濃郁、滋味醇厚的奶茶就此出現了。

有了"奶茶"之後，加糖習俗是否就消失了？答案是否定的，加糖習俗下移至更多的普羅大眾。研究發現，低收入人群喝茶多加兩塊糖的概率比高收入人群高兩倍，原因則是低收入人群大多從事體力勞動，因而更需要補充糖分和能量。艾倫・麥克法蘭（Alan Macfarlane）認為茶葉消費帶動了英國的消費革命，圈地運動製造出的無產者產業工人為了消費，更加勤勉地作為一個零部件在新式工廠生產勞作，這一切都導引了工業革命。這一觀點同樣得到了日本學者速水融、荷蘭經濟史家揚·德·弗雷斯（Jan de Vries）的勤勉革命（Industrious Revolution）理論的支撐。勤勉革命理論除了證明了茶葉的重要性之外——茶葉是工業革命的"始作俑者"，也可見加糖確實是必要的。

由於對華貿易存在巨大逆差，英國一方面在殖民地發展茶葉生產，藉此打破中國的市場壟斷，《兩訪中國茶鄉》的作者福瓊就是著名的"茶葉大盜"；另一方面走私鴉片，成為鴉片戰爭的導火線。茶葉貿易的爭端也發生在美國，"波士頓傾茶"事件成為美國獨立戰爭的導火線。

1567 年，兩個哥薩克人在中國得到茶葉後送回俄羅斯。1618 年，明使攜帶兩箱茶葉歷經 18 個月到達俄京以贈俄皇。清雍正五年（1727）中俄簽訂互市條約，以恰克圖為中心開展陸路通商貿易，茶葉就是其中主要的商品。1810 年從澳門去巴西的中國茶農，他們自己攜帶鋪蓋、鍋槍、茶樹、茶種，甚至還包括中國的土壤。最初有兩位茶農去見葡萄牙國王，並來到了里約熱內盧的皇家植物園，他們大概於 1810 年 9 月開始種植茶葉，葡萄牙國王還派了十幾名黑奴幫助他們料理園地，但開始的種植並不成功。直到 1812 年 3 月，澳門又給巴西寄來一批茶樹和茶種。類似記載遍佈世界各地，茶葉旅行遍佈全世界。

1780 年，東印度公司從廣州引種茶種至印度。1824 年，斯里蘭卡引種茶樹。1893 年，俄羅斯引種茶種。印度、印度尼西亞、日本茶葉出口發展迅速，一度超越中國。今天，全世界已有 60 個國家生產茶葉，約 30 億人飲茶，中國茶葉產量仍佔世界總產量的三分之一，出口 120 多個國家和地區，茶葉當之無愧地成為世界三大飲料之一。

大豆的全球旅行記

大豆（黃豆、黑豆、紅豆、青豆等）的唯一起源中心是中國，歷來沒有爭議。豆科植物眾多，但以“豆中之王”大豆的重要性最為突出，它與人們生活的關係最為密切，對世界的影響也最大。大豆是用養（地）結合、輪作倒茬的重要作物，其重要性在古代歷史上一度超過稻和麥。

大豆的旅行軌跡

與粟、稻相比，大豆“走”向世界的時間較晚，因此它的旅行時間脈絡比較清晰。約在西元前 5 世紀甚至更早，大豆傳入朝鮮，稍晚從朝鮮傳入日本。

在漢代之前，中國南方地區尚不知大豆，所以亞洲南部地區均是在 1 世紀到 15 世紀地理大發現之間推廣的大豆。至遲在 13 世紀，中國大豆傳入印度尼西亞等東南亞地區。1740 年，大豆傳入法國，進而流佈歐洲；1765 年，大豆被引入美國；1876 年，中亞的外高加索地區開始種植大豆；1882 年，大豆在阿根廷落腳，開啟了南美傳播模式；1898 年，俄國人從我國東北地區帶走大豆種子，開始在俄國中部和北部推廣；1857 年，大豆傳播到非洲埃及；墨西哥和中美洲地區的大豆傳入時間則可以追溯到 1877 年；1879 年，大豆被引種到澳大利亞。

大豆，古稱“菽”，菽作為重要糧食作物被列入“五穀”，但由於口感不佳，漢代以來主要作為副食，誕生了多姿多彩的豆製品。更重要的是大豆還有諸多妙用，如可以補充蛋白質，可以作為綠肥作物與小麥等輪作、間作，未成熟即可救荒，亦可作為“青茭”（飼料），還可以折粟納稅。

而歐洲的情況還可以細化：1740 年，法國傳教士曾將中國大豆引至巴黎試種；1760 年，大豆傳入意大利；1786 年，德國開始試種大豆；1790 年，英國皇家植物園邱園首次試種大豆；1873 年，維也納世界博覽會掀起了大豆種植的高潮，隨後在歐洲各國開始種植；1880 年，大豆“旅行”到葡萄牙；1935 年，大豆“抵達”希臘。1765 年，大豆才由曾受僱於東印度公司的水手塞繆爾．鮑恩（Samuel Bowen）帶入美國。或是出於製作醬油再販賣到英國的目的，塞繆爾．鮑恩在佐治亞州種植大豆，但在接下來的一百多年中，大豆在美國主要作為飼料存在。1600 年，日本南部的醬油製作技術傳入印度；1804 年，印度醬油已經在悉尼出售；1831 年，印度醬油在加拿大出售；但在 1855 年，大豆才開始在加拿大種植。巴西引種大豆相對較晚，但發展很快，在 20 世紀 50 年代，巴西出於土壤改良的目的開始種植大豆，緊接著大豆向亞馬孫雨林“進軍”。目前，巴西已經是世界第二大大豆生產國，遠超第三大大豆生產國阿根廷。

被“馴化”的大豆

“植物蛋白”大豆營養豐富，孫中山先生曾說：“以大豆代肉類是中國人所發明。”因為中國種植業與農牧業嚴重不協調，肉類蛋白和奶類蛋白嚴重缺乏，所以需要仰仗大豆的蛋白質來滿足中國人正常的人體需要。民國時期，人們又發現大豆可以作為 350 餘種工業品的原料，其價值遠甚於單純作為糧食作物。

豆腐的發明是我國古代對食品的一大貢獻，是大豆利用中的一次重要變革。我國的製豆腐技術開始外傳，首先傳到的國家是日本。日本人認為製豆腐的技術是在 754 年由鑒真和尚從中國帶到日本的，所以至今他們仍將鑒真和尚奉為日本豆腐業的始祖，並稱豆腐為“唐符”或“唐布”。1654 年，隱元大師東渡日本，又把壓製豆腐的方法傳入日本。

20 世紀初，我國的豆腐製作技術傳到歐美國家。1909 年，西方第一個豆腐工廠由國民黨元老李石曾在法國建立，工廠主要生產豆腐、豆乳醬、豆芽菜等豆製品。李石曾稱豆腐為“20 世紀全世界之大工藝”。

除了豆腐之外，大豆豐富的副產品在世界上也很有市場，豆漿、豆豉、豆醬、豆腐乳、醬油、納豆、味噌等受到東方的認可；在西方則是以豆油（第一次世界大戰後由於植物油缺乏而受到廣泛關注）和豆粉（豆奶）為主。

美國農業專家富蘭克林．希拉姆．金早在 1909 年來華訪問時就盛讚：“遠東的農民從千百年的實踐中早就領會了豆科植物對保持地力的至關重要，將大豆與其他作物大面積輪作來增肥土地。”他驚奇的是中國的土地連續耕種了幾千年，不僅沒有出現土壤退化的現象，反而越種越肥沃，回國之後即撰寫了不朽的《四千年農夫》。也難怪金教授發出“（美國農場）很少有超過一個世紀耕種時間的……中國只用六分之一英畝的好地就足以養活一口人，而同樣地塊在當時的美國只能養活一隻雞”的感歎。1920 年之後，尤其是在經濟大蕭條時期，由於大豆根瘤的固氮功能，美國乾旱區的土地靠大豆來恢復肥力，農場以此增加產量來滿足政府的需求，人們對大豆本身的需要也愈發旺盛。伴隨大豆需求的增長，1924 年開始，大豆“打敗”棉花，栽培面積迅速擴大。1931 年，亨利．福特成為大豆產業的領軍人物，福特公司成功開發人造蛋白纖維。到 1935 年，每輛福特汽車都有大豆作為原料參與製造，福特的介入為大豆連接工農業開啟了一扇新的大門。1939 年，美國成為世界第二大大豆生產國。1954 年，美國已經成為世界最大的大豆生產國。目前美國、巴西、阿根廷、印度、中國是世界上大豆產量較多的國家。

中國的“薯”

現代已鑒定的薯蕷科（*Dioscorea* L.）植物有 600 來種，其中大多數分佈於美洲，其次分佈於亞洲（中國），非洲再次之。薯蕷科是最古老的作物，它們被人類採集的歷史遠比禾穀類早。以中國為例，早年一些觀點認為南稻北粟是全部中華農業文明的起源，實際上中國的黃河流域和長江流域分別是粟作和稻作起源地的同時，嶺南地區為中國的塊根類作物即薯、芋等的起源地。薯、芋等作物在宋代以前一直是嶺南地區土著居民的主糧作物之一，其重要性甚至在水稻之上。

今天作為薯類作物的統稱，如此重要的“薯”，代表了一種草本植物的塊莖，這種植物膨大的地下莖富含的澱粉可食。一般除了番薯之外，還有土豆、薯蕷（山藥）、豆薯（涼薯）、蒟蒻薯、木薯等。其實在明末之前所有的“薯”都指向薯蕷，這從“薯”的源流也可以清晰反映出來。

釋“薯”

“薯”，古作“藷”，又作“藸”，“藷”“藸”古已有之。“薯”是什麼時候出現的？不得而知，至遲在南朝梁《玉篇》中已經出現，“薯，音署。薯蕷，藥”。換言之，“薯”是個新起的形聲字，時間不晚於南朝。此外，“藷”與“藸”雖然可以理解為同義異體字，但是其實也有些許差異，我們從歷代字書、韻書中均可以察，如《玉篇》：“藷，之餘切。藷蔗也。藸，直居、上餘二切。根似茅，可食。”可見字書希冀在字形上予以區別。“藷”即甘蔗，“藸”意“鐵棍”山藥，北宋時期《廣韻》又說“藸，似薯蕷而大”，可見“藸”在這裏指薯蕷屬的又一品種——大薯（詳見下一節）。

在南北朝之前，沒有“薯”字，“薯”出現之後，“藷”“藸”逐漸成為異名、生僻字。但在清代前“藷”的使用頻率還較高，如明代徐光啟《甘藷疏》即採用“藷”，在地方文獻中“藷”也是屢見不鮮的。清代以後基本通用“薯”字。

《說文解字·艸部》的解釋比較簡單：“藷，蔗也。從艸諸聲。章魚切。”也就是說“藷”是甘蔗的意思，可能也正因如此，又誕生了雙音詞——“甘藷”。段玉裁《說文解字注》的解釋比較到位：“（藷）藷蔗也。三字句。或作諸蔗，或都蔗，藷蔗二字疊韻也。或作竿蔗，或乾蔗，象其形也。或作甘蔗，謂其味也。或作邯。服虔通俗文曰：荊州竿蔗。從艸諸聲。章魚切。五部。”還是說“藸”單獨來看是甘蔗之意，這或許也可以解釋為何文獻中多以雙音詞的形式來形容薯蕷。

更多情況下“藷”並不單獨存在，而是與“萸”合在一起成為不可分割的雙音詞——“藷萸”（《玉篇》以來的字書、韻書多標註：俗作薯蕷），因此，《廣雅》言：“藷萸，署預也。”王念孫《廣雅疏證》說：“今之山藥也。根大，故謂之藷萸。”

奇怪的是中國最早的詞典《爾雅》中並沒有記載“藷”或“藷萸”，所以郭璞在《爾雅注》中並無體現。但是郭璞顯然是知曉薯蕷的，因為《山海經·北山經》有“又南三百里，曰景山，南望鹽販之澤，北望少澤。其上多草、藷藇”諸語，郭璞註：“根似羊蹄，可食。曙豫二音。今江南單呼為藷，音儲，語有輕重耳。”猜想可能由於薯蕷在北方不甚重要，《爾雅》沒有必要事無巨細一一羅列。

薯蕷以及番薯在今天的學名與歷史時期的重要別名——甘薯，最早記載於東漢楊孚《異物志》及稍晚的晉代嵇含《南方草木狀》。我們暫且不去討論該書作者是否為嵇含，至少能夠反映兩晉南北朝之事。

楊孚《異物志》是我國最早記載某一地區地理方物的著作，開創了“異物志”先河，最早出現了“甘薯”一詞：“甘藷，似芋，亦有巨魁，剝去皮，肌肉正白如脂肪，南人專食，以當米穀。”就是說當時南方人已經經常吃薯蕷了，至於為什麼稱“甘藷”不稱“藷蕷”了，可能如前所述“謂其味也”。不過其實也沒有很大分別，畢竟“藷”的指向還是很明確的，除了薯蕷之外，別無他物可指。更直接的證據是《齊民要術》，輯錄了《異物志》和《南方草木狀》中關於“甘藷”的描寫，賈思勰精通農業，應當不會搞錯“藷”為何物，所以無甚疑問。

晉代嵇含《南方草木狀》是我國現存最早的植物志，成書於 304—306 年之間，也較早地記載了“甘薯”：“甘藷，蓋薯蕷之類，或曰芋之類，根葉亦如芋，實如拳，有大於甌者，皮紫而肉白，蒸鬻食之，味如薯蕷，性不甚冷。舊珠崖之地，海中之人，皆不業耕稼，惟掘種甘藷，秋熟收之，蒸曬切如米粒，倉圖貯之，以充糧糗，是名藷糧。北方人至者，或盛具牛豕膾炙，而末以甘藷薦之，若粳粟然。大抵南人二毛者，百無一二，惟海中之人，壽百餘歲者，由不食五穀，而食甘藷故爾。”根據描寫更可以確定是薯蕷無疑。

總之，“甘薯”一定是薯蕷，而不是番薯。“甘薯”其後在《廣志》《二如亭群芳譜》《本草綱目》等文獻中均有所記載，“甘薯”成了“薯”

的重要稱謂之一，使用頻率高過其他名稱。長期以來，學界多有人認為甘薯（按，這裏指番薯）獨立起源於中國，這便是"罪魁禍首"、思想根源。明末以來，"甘薯"終於成了番薯的重要稱謂之一，甚至清代中後期"薯"都成了番薯的代名詞，這又是後話了。

中國的薯蕷家族

既然我們已經明確了中國漫長歷史時期中的"薯"都是薯蕷（甘薯），為什麼它們還會延伸出那麼多別名？它們都是同一品種嗎？

首先需要明確的是，中國的"薯"都是薯蕷家族，即被子植物門單子葉植物綱百合亞目薯蕷科薯蕷屬，與番薯、土豆、木薯、豆薯等根本不是同一科。薯蕷科（*Dioscoreaceae*）是一個小科，但分佈較廣，主要廣佈於兩半球熱帶亞熱帶及暖溫帶地區，該科 9 個屬僅薯蕷屬（*Dioscorea*）分佈較廣，同時也是最大的屬（約 600 種），其餘 8 個屬分佈有限。

薯蕷屬植物多矣，中國歷史時期栽培的薯蕷屬植物主要有兩種：薯蕷（山藥）和大薯。它們為薯蕷屬的兩個不同種，但是因為同屬之兄弟，確實沒有本質的不同，也容易被混淆，如同南瓜與筍瓜、西葫蘆一樣，後者（尤其是筍瓜）的記載長期穿插在南瓜的相關記載中，導致單從文獻很難分辨三者的種植差異。其實不論是薯蕷（山藥）和大薯，還是薯蕷屬和芋，古人都將它們長期視為一類，如《神農本草經》："薯蕷……一名山芋，生山谷。"這不僅僅是由於薯蕷屬和芋均為塊根類作物，而且它們的形態、生態、栽培、用途等均有相似之處，在古代植物分類學很不發達的情況下，也就容易理解了。所以在唐代的《新修本草》

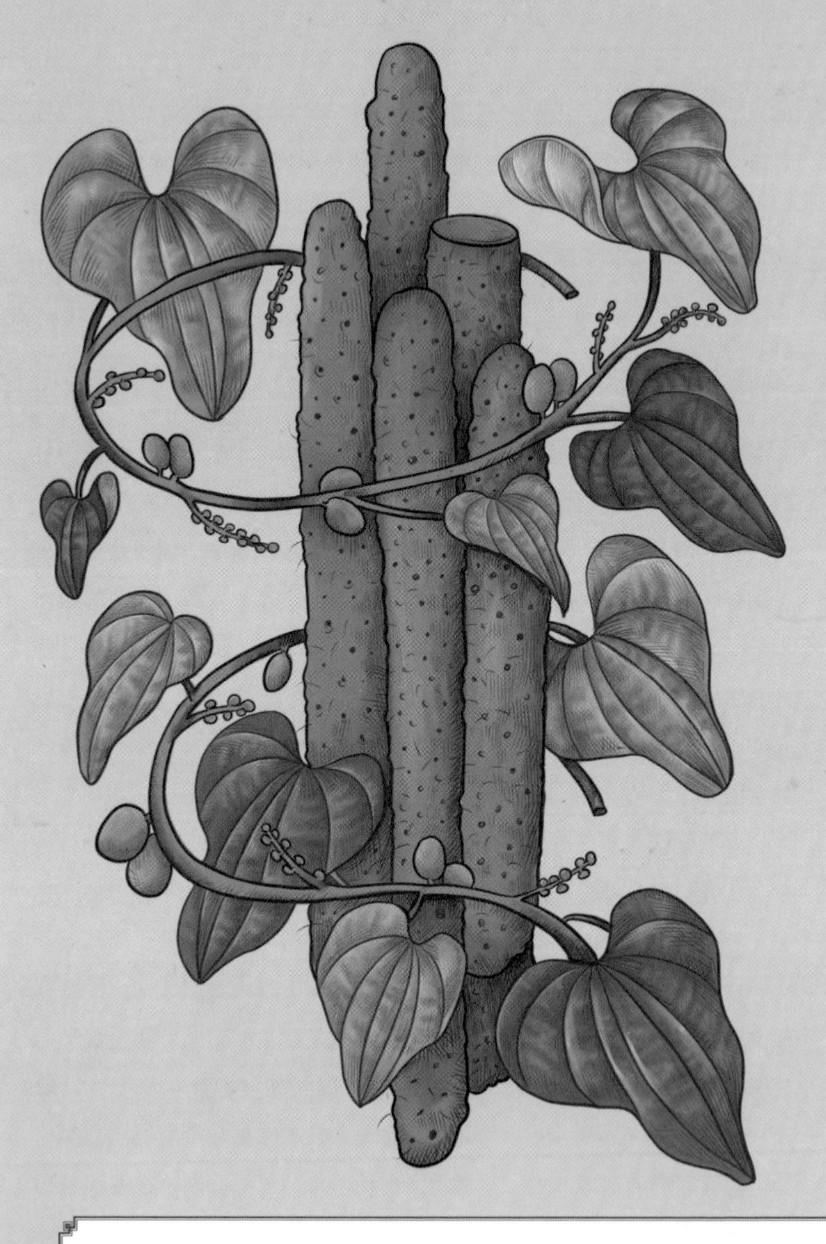

在我國南方少數民族地區，人們對塊莖作物的栽培甚至早於對穀類作物的栽培，因為它更適合於當時的社會經濟與技術條件。長期的栽培實踐孕育了一套豐富的薯蕷種植技術系統，現存最早最完整的農書《齊民要術》中就專闢“甘薯”一節論述薯蕷栽培技術。在番薯傳入後，薯蕷不存在排擠作用，因為它無法與番薯的高產相媲美。另，在入清之前，“紅薯”一詞基本都指代薯蕷。

前，薯蕷（山藥）和大薯很可能混雜在一起，無從分辨。

《新修本草》如此論述：“薯蕷……此有兩種：一者白而且佳。一者青黑，味亦不美。蜀道者尤良。”此乃文獻中第一次出現薯蕷品種的分化，此前如《神農本草經》《吳普本草》《名醫別錄》《本草經集注》《千金翼方》《雷公炮炙論》等草書、醫書，均為一般性描述。《新修本草》後相關品種記載漸多，大薯、薯蕷逐漸分化，如《圖經本草》記載：“薯蕷……南中有一種，生山中，根細如指，極緊實，刮磨入湯煮之，作塊不散，味更珍美，云食之尤益人，過於家園種者。又江湖、閩中出一種，根如薑、芋之類而皮紫。極有大者，一枚可重斤餘，刮去皮，煎、煮食之俱美。但性冷於北地者耳。”這種“江湖、閩中出一種”猜測亦為大薯。

那麼薯蕷和大薯究竟有什麼區別？

薯蕷，學名（*Dioscorea polystachya Turczaninow*），塊莖長圓柱形，垂直生長，常見別名有山藥、土薯、山薯、玉延、山芋、野薯等。大薯，學名（*Dioscorea alata* L.），野生者塊莖多為長圓柱形；栽培者塊莖變異較大，呈長圓柱形、圓錐形、球形、扁圓形而重疊，或有分支，常見別名有參薯、雪薯、毛薯、甜薯、腳板薯、黎洞薯等。

20世紀20年代，丁穎撰《作物名實考》稱：“我國古代之甘薯，即今之甜薯，其種與山薯（薯蕷）異，與番薯（Sweet Potato）亦異。本種在我國栽培歷史雖起於距今千七百餘年以前，而其耕種範圍，現仍限於廣南一帶。”他批評徐光啟把中國古書中的“甘薯”混同於“山薯”（即山藥）：“雖知番薯來自海外，而尚未知甘薯與山薯之性狀略似，種屬實殊故也。”據他考察甘薯和山藥無論栽培期或分佈範圍均有所不同。丁穎所謂的“甘薯”就是大薯，前文已述古人對大薯和山藥記載的區分度並沒有那麼高，很難判斷到底為何種，籠統地認為係薯蕷屬便可，丁穎過於求全責備了。徐光啟《甘藷疏》的記載大體是沒有問題的："閩廣藷有二種：一名山藷，彼中固有之；一名番藷，有人自海外得此種。"

薯蕷稱謂的嬗變

薯蕷的寫法較多，除了藷蕷外，又有"甘薯""諸預""署豫""署預""山芋""儲餘""兒草""玉延""土諸""修脆"等五花八門的稱呼。如《神農本草經》卷一："薯蕷……一名山芋，生山谷。"《吳普本草》曰："'署豫'，一名諸署，齊越名山芋，一名修脆，一名兒草。"《名醫別錄》曰："秦楚名玉延，鄭越名土諸。"為了明確指植物，加上草頭成"薯蕷"是後世的常見寫法。

那麼"薯蕷"為何演變成了山藥？說來有趣，唐代宗名李豫，為避唐代宗的諱，"薯蕷"改稱"薯藥"。到了宋朝，宋英宗名字叫趙曙，第一個字也要換，最終變成了"山藥"，也稱"山芋"。宋代以後"山藥"一稱之所以長盛不衰，也與其通俗、好記、琅琅上口有關。雖有了更普遍的稱呼，但是一般無人會把"薯蕷"與"山藥"當成二物，這一點是比較清楚的，也是其他同物異名的植物所不具備的優勢。但是，"山藥"卻與"甘薯"漸行漸遠，這才有了分歧。

油菜栽培史

中國是世界上栽培油菜歷史最為悠久和產量最多的國家，油菜的重要性在油料作物中僅次於大豆。中國古代的油菜，據清人吳其濬《植物名實圖考》記載，主要有兩種：一種是“味濁而肥、莖有紫皮，多涎微苦”的油辣菜，即芥菜型油菜；另一種是“同菘菜，冬種生薹，味清而腴，逾於萵筍”的油青菜，即白菜型油菜，早期都作蔬菜栽培。另有甘藍型油菜，原產歐洲，中國 16 世紀才開始採籽榨油，20 世紀 40 年代先後從日本和歐洲引入。

白菜型油菜是由栽培白菜演化而來的，古稱蕓薹，《夏小正》有“正月採蕓，二月榮蕓”的記述；也稱胡菜，相傳最初栽培於塞外蕓薹戍，因而得名。早期分佈於北方，考古學家在陝西半坡新石器時代遺址裏，發掘出在陶罐中已經炭化的大量菜籽，其中就有白菜籽或芥菜籽，碳-14 測定距今近 7000 年。孫思邈說“隴、西、氐、羌中多種食之”；宋代《圖經本草》說“始出自隴、氐、胡地”；《本草綱目》也說“羌、隴、氐、胡，其地苦寒，冬月多種此菜，能歷霜雪，種自胡來，故服虔《通俗文》謂之‘胡菜’”。這些記錄都說明，今青海、甘肅、新疆、內蒙古等西北一帶是油菜最早的分佈地區。

芥菜型油菜（葉用芥菜）則是從芥菜演化而來的。長沙馬王堆漢墓已有保存完好的芥菜籽，《齊民要術》中始有關於芥菜型油菜的記述，

《名醫別錄》中，談到芥菜型油菜已有“青芥、紫芥、白芥、南芥、旋芥、花芥、石芥”7個品種。及至清代，葉用芥菜也常用來救荒，《金薯傳習錄》之《附種蕹菜芥菜二則》篇就說：“芥菜種甚多，有青芥、白芥、南芥、紫芥、花芥，(五) 然品雖不一，性則相同，發生於冬，盛於春，青、豫早寒秋初便可入種，冬刈食之，鹽醃用甕藏，固經歲不壞，切食、羹食俱佳，閩中最珍其品。”

勞動人民在長期種植和食用過程中，發現油菜籽中含有較多的油分，逐漸將油菜從菜用轉為菜、油兼用。唐代《本草拾遺》見其種子榨油的最早記載，《圖經本草》才正式稱它為油菜，並將其列入油料作物，正反映了這一作物利用目的的改變，“出油勝諸子，油入蔬清香，造燭甚明，點燈光亮，塗髮黑潤，餅飼豬亦肥。上田壅苗堪茂，秦人名菜麻，言子可出油如脂麻也”。這說明菜籽油的多種用途，餅粕還可以做肥料，就是我們常說的“油枯”。到了明代“今油菜……結莢收子，亦如芥子，灰赤色，炒過榨油黃色，燃燈甚明，食之不及麻油，近人因有油利，種者亦廣”(《本草綱目》)，已經一發而不可收。

油菜在江南發展，並利用冬閒稻田栽培，也始於元代，可見越冬型油菜作為春花作物的規模栽培與批量用油，這一變化發生在同一時期，絕對不是偶然。元代《務本新書》已有稻田種油菜的明確記載。明清時期，人們進一步認識到稻田冬作油菜不僅能提高土地利用率、獲得油料，還有培肥田土、促進糧食增產的作用。明弘治年間《吳江志》說：“秋獲之後，隨即佈種菜、麥……四五月間則菜薹可食，菜籽作油，菜箕可薪，麥可磨。”15世紀江南地區創造了油菜育苗移栽技術（《便民圖纂》），解決了油菜與水稻輪作換茬季節緊張的矛盾，油菜因而在長江流域迅速發展，至清末《岡田須知》記載，已出現了“沿江南北農田皆

人們將菜籽油用於食用是很晚的事情，很可能在元代中期，此時越冬型油菜憑藉秋種夏收的生長期，為兩年三熟與一年兩熟的地區提供了便利的輪作條件，這一切都成為傳播與擴展的優勢。

種，油菜七成，小麥三成”的局面。總之，中國油菜栽培是從小面積“供作蔬茹”逐步發展到“採薹而食”直至“亦得取子”榨油，始種於北方旱作區，爾後漸次擴展到江南稻區，再後發展形成了我國以黃河流域上游為中心的春油菜區和以長江流域為中心的冬油菜區，如今漫山遍野的油菜花已經成為重要景觀之一，並發展為旅遊文化產業。

中國古代油菜栽培，最初用的是“漫撒”的直播法，到清代中葉，又出現了“點直播”栽培。據《齊民要術》稱，黃河流域作菜用的油菜因“性不耐寒，經冬則死，故須春種”，長江流域則可冬播。稻田種油菜多行壟作，以利排水。明代從直播發展到育苗移栽，並採用了摘薹措施，《農政全書》中總結的“吳下人種油菜法”，集中反映了當時已相當精細的栽培技術，包括播前預製堆肥、精細整地和開溝作壟、移栽規格、苗期因地施肥、越冬期清溝培土、開春時施用薹肥和抽薹時摘薹等。《臞仙神隱書》提出油菜入冬前要鋤地壅根，抗寒防凍，若“此月（十一月）不培壅，來年其菜不茂”。《便民圖纂》提出春季正值油菜生長期，要“削草淨，澆不厭頻，則茂盛”，油菜摘心是較為重要的技術措施，“去薹則歧分而結子繁。榨油極多”。油菜要適時收穫，可利用其後熟作用，誠如《三農紀》載“獲宜半青半黃時，芟之候乾”，“收穫宜角帶青，則子不落；角黃，子易落。對日芟收易耗，須逢陰雨月夜收，良”。油菜的產量，據宋應星描繪，畝收約在一二石之間，出油率大致為 30%—40%，僅次於芝麻、蓖麻、樟樹子。

荔枝品種命名

荔枝是典型的異花授粉果樹，用種子繁殖很容易產生變異。自野生狀態轉為人工栽培後，由於條件的改變和人為的干預，產生的變異就更加明顯。中國古代歷來十分重視荔枝果實形狀和品質的變異。到宋代，荔枝品種由於栽培的興盛而大大增多。但直到南宋後，因無性繁殖的發明和推廣，才有了真正的荔枝品種。

歷代記載的荔枝品種繁多，常出現同名異物或同物異名和品種的更替，尤其是一些受到廣泛關注的名品。明人鄧道協在《荔枝譜》中已經指出："陳紫、游紫本為同生，方紅、周紅未甚區別，將軍即為天柱，野鍾實是椰鍾，七夕何異中元，黃玉原乎皺玉、鱉卵、鵲卵，一物異名。"此種種的混淆現象，需要加以辨名。

部分著名荔枝品種的辨名

妃子笑

妃子笑是國內外著名荔枝品種，早在清代陳鼎《荔枝譜》中已有記載："妃子笑，產佛山。色如琥珀，有光。大如鵝卵。其甘如蜜，其臭如蘭。皮薄而肉厚，核小如豆。漿滑如乳，啖之能除口氣，使齒牙香經宿。宜乎妃子見之而笑也。止一株，亂離以來，亦為劫灰矣。悲哉！已絕種？”言明妃子笑已在“三藩之亂”時被毀。然而妃子笑真的已經不復存在了嗎？

金武祥於清光緒年間所作的《粟香五筆》卷四中提到：“第四條妃子笑，吳譜有尚書懷一種，產增城白岡沙一帶，又可植盆盎中結實。余閱至此，適汪憬吾孝廉來云：‘相傳為湛甘泉懷核歸植，故名。’尚書懷可對妃子笑也。”這條記載在彭世獎先生的《歷代荔枝譜校注》中，也作為附錄列於陳鼎《荔枝譜》之後。汪憬吾孝廉所述是否有根據呢？據《粵中見聞》卷二十九記載，湛氏從福建懷歸者乃“小華山”“綠羅衣”“交幾環”三種，統稱為“尚書懷”。可見尚書懷並不是僅指某一特定品種，而是多個荔枝品種的合稱。而妃子笑在中國台灣又被稱為“綠羅衣”，由此可知妃子笑是尚書懷的一種。

綠羅袍

此外還有一種荔枝名為綠羅袍，與綠羅衣之名十分接近，但實為完全不同的品種。綠羅袍，別名綠羅婆（廣西橫縣馬山鄉通稱），產於廣西靈山伯勞、武利、三海、那隆等地，橫縣、油北等地也有零星栽培。來源於廣西靈山，為本地實生變異。與妃子笑的形狀差別也很大，果中等大，品質中等，較豐產，適應性強，適於山地栽培。

狀元紅

再如狀元紅，爭議較大。狀元紅，又名延壽紅，相傳為宋元豐年間狀元徐鐸所植，宋人曾鞏的《荔枝錄》已將狀元紅列為上品，有“狀元紅，言於荔枝為第一”的說法。然而清代吳應逵《嶺南荔枝譜》卻說：“狀元紅最多亦最賤，下品也。”清末金武祥《附錄粟香五筆》中也說：

"狀元紅特美其名耳，其出最早，定九誤為佳品，以比公孫，亦未細考。"認為曾鞏將狀元紅稱為佳品是一種謬誤。此外，丁香與陳紫又名狀元紅，如何解釋？

筆者認為，狀元紅僅是對當地品質較高荔枝的通稱，它們的果皮一般為紅色，形狀渾圓，果核細小，口味佳。但各地"狀元紅"雖然名字相同，卻不是同一品種。其中徐𤊹記載的最為珍貴的當屬楓亭所產的"狀元紅"："楓亭之地宜荔，因擅其名。今驛舍中庭六株，色皆參天，其外數十里，紅翠掩映，一望如錦，皆此種也。"其他地區所產荔枝雖也藉"狀元紅"的美名，但品質上終是有相當的差異，故而出現後朝人認為"狀元紅最多亦最賤，下品也"的言論。而陳紫與丁香應也都是當地的"狀元紅"。

掛綠

同樣造成誤解的還有掛綠荔枝。《嶺南荔枝譜》中有云："綠蘿即掛綠。"綠蘿在宋代楊萬里詩註中已經出現。楊萬里詩註說："綠蘿即指掛綠。"又說："五羊荔枝上上者為綠蘿。"彭世獎先生在《歷代荔枝譜校注》中已經指出，該句綠蘿後有"包"字，在吳應逵引用時被去掉，故而造成誤解。此後諸著作包括《廣東荔枝志》《廣州農業土特產志》和《中國果樹志・荔枝卷》皆將兩者混淆，誤以為掛綠荔枝早在 12 世紀以前就已有栽培。

其實，真正的增城掛綠直至清初始有明確記載，見於禮部尚書錢以塏在《嶺海見聞》中的記載："新塘去莞四十里，地隸增城，湛甘泉先生所居鄉也。有湛氏居傍山麓，林林叢翳，康熙八年偶產一樹，以為雜木，欲除之，及花，乃荔枝葉。……其色微紅帶綠，故名掛綠。"

荔枝品種命名法則

可以說歷代荔枝譜的鼻祖蔡襄所著《荔枝譜》奠定了歷代荔枝品種命名的基礎。對此，陳季衛《蔡襄〈荔枝譜〉研究》一文進行了詳細的歸納：《蔡譜》的命名方式大致為荔枝品種名稱等於種加詞加荔枝，這裏的種加詞表示荔枝品種和各種屬性，不同的種加詞構成不同的命名方法。

(1) 種加詞表示品種的形態特徵——形態命名法，如："牛心者，以狀言之，長二寸餘，皮厚肉澀。""蚶殼者，殼為深渠，如瓦屋焉。""龍牙者，荔枝之變異，若其殼紅可長三四寸，彎曲如爪牙而無核。""雙髻小荔枝，每朵數十，皆並蒂雙頭，因以目之。""丁香荔枝核如小丁香，……亦謂之焦核，皆小實也。"

(2) 種加詞是品種顏色——顏色命名法，如："虎皮者，紅色，絕大，繞腹有青紋，正類虎斑。""玳瑁紅荔枝，上有斑點，疏密如玳瑁斑，福州城東有之。""朱柿，色如柿紅而扁大，亦云樸柿，出福州。""硫黃，顏色正黃，而刺微紅，亦小荔枝，以色名之也。"

(3) 種加詞是品種氣味味道——果味命名法，如："水荔枝，漿多而淡，食之解渴。""蜜荔枝純甘如蜜。"以後的蠟荔枝，小蠟、大蠟、醋甕等都是如此命名的。

(4) 種加詞是姓氏、人名——姓氏命名法，如宋公荔枝、十八娘荔枝等。《蔡譜》記載："十八娘荔枝，色深紅而細長，時人以少女比之，俚傳閩王王氏有女第十八，好吃此品，因而得名。"

(5) 種加詞是種植者——官（學）銜命名法，如："將軍荔枝，五代間有為此官者種之，後人以其官號其樹，而失其姓名之傳，出福州。"

(6) 種加詞是各種種加詞的組合——綜合命名法。以此種方法命名的荔枝品種數量最多，可分成多種類型：姓氏、人名 + 顏色，如陳紫、江綠、方家紅、游家紫、藍家紅、周家紅、何家紅等；產地 + 顏色，如法石白；成熟期 + 顏色，如中元紅等。

而此後的《荔枝譜》和其他荔枝相關著作也基本以此為法則進行命名，如陳定國在《荔譜》中對荔枝品種命名規則的記載："荔名不一，亦如蘭菊，族類繁多。如十八娘、大將軍、狀元紅、陳紫、江綠等以人名，金鐘、牛心、蚶殼、龍牙等以形，火山、山丹、虎皮、玳瑁、硫黃等以色，法石白、延壽紅等以地，綠核、丁香等以核，水荔、蜜荔等以味，滿林香、百步香等以香，雙髻、釵頭以生質之異，中元紅、中秋紅以時，他尚不可勝紀。"

蔡襄《荔枝譜》一書具有極高的價值，是中國乃至世界果樹栽培學方面的第一部專著，早在宋代就已經出現了相對科學的命名體系，且為後世所學習沿用，是十分難能可貴的。但由於時代的局限性，不同時期、不同地域的學者交流有限，不可避免地造成了荔枝品種命名的混亂。

荔枝品名混雜原因舉例剖析

本章第一部分所述種種皆是由於命名法則的不系統、不固定，如紅繡鞋與十八娘。

十八娘荔枝自古就有美名，"其色深紅而細長，時人以少女比之，相傳閩王王氏第十八女喜食該品種，因而得名"。十八娘"皮薄核小肉厚，甘如瓊漿。啖數百顆不厭，雖多食亦不傷脾。糝鹽少許，入腎家，能令人精神充溢，肌膚潤澤。熟時錦綴枝頭，遠望如曉霞射目，不覺涎之垂也”，“核小肉滿，如水晶而香”。徐𤊹《荔枝譜》中收錄的黃履康的《十八娘傳》與幔亭羽客的《十八娘外傳》皆用不短的篇幅讚美它。同時徐𤊹《荔枝譜》中也記載了紅繡鞋：“實小而尖，形如角黍（即粽子），核如丁香，味極甘美。傳即十八娘種，今惟歸義里枕峰山有之。”雖沒有記錄具體形容，但從紅繡鞋一名中可推斷其必然是色紅而長，類似紅色繡鞋一般，與十八娘十分相像。紅繡鞋與十八娘具體是不是同一品種至今已難以考證，但據徐𤊹載紅繡鞋“傳即十八娘種”，兩物很有可能就是同一品種，正如陳季衛《蔡襄〈荔枝譜〉研究》中所歸納的，十八娘一名是以人名（類似於種植者）命名，而紅繡鞋則是以品種的形態特徵命名。

另外，王象晉《二如亭群芳譜・果譜・卷三・殼果類》載：“或云物之美好者為十八娘。”這便不能排除其他荔枝品種假借十八娘之美名擴大自身的影響力。如此種種，不勝枚舉。

再如焦核，《太平御覽》卷九七一引竺法真《登羅山疏》中載：“荔枝細核者謂之焦核，荔枝之最珍也。”同是《太平御覽》卷九七一引劉恂《嶺表錄異》載：“焦核者，性熱液甘，食之過度，即蜜漿製之。”焦核的核小而肉厚，口味佳。與上述荔枝品種命名方法相似的是，在古代荔枝著作中，這些具有焦核特徵的荔枝都被歸入“焦核”這一品種之下。

其中需要說明的是，有人認為良種是難以培育的，宋人洪邁在《容齋四筆・莆田荔枝》中有所闡述：“名品皆出天成，雖與其核種之，終與其本不相類。宋香之後無宋香，所存者孫枝爾。陳紫之後無陳紫，過牆則為小陳紫矣。”《夢溪筆談》中卻認為焦核可以培育：“焦核荔子土人能為之。取本木，去其大根，火燔令焦，復植於土。以石壓枝，勿令生旁枝，其核自小。”對於這種說法洪邁並不認同，他引用里人所言反駁此觀點：“此果性狀變態百出，不可以理求。或似龍牙，或類鳳爪，釵頭紅之可簪，綠珠子之旁綴，是豈人力所能加哉！”《閩產錄異·卷二·果屬》中說：“焦核多帶酸，其種類每因水土而變，百步之內，美惡懸殊，非如他果可以依類而傳。”但也認為焦核是可以人工培育的：“去其宗根，用火燔過植之。生子多肉而核如丁香。”然而其形狀卻並不穩定：“焦核之樹，雜出大核，有一枝而焦核、大核錯生者。”可見隨著時間的推移，荔枝栽培技術在不斷進步，人們對焦核荔枝繁育的認識也不斷加深，從一開始的認為非人力所能加者，到應該可以培育出形狀不穩定的具有焦核特徵的荔枝品種。但此時所培育的應當還是實生的單株，而不是品質穩定的無性系。

中國荔枝品種繁多，主要由於其本身具有容易變異的特徵。

關於荔枝品種的記載最早見於晉人郭義恭的《廣志》，有焦核、春花、胡偈、鱉卵等。前三種作鮮果用，鱉卵大而酸，作調味品。唐末廣州司馬劉恂的《嶺表錄異》又有火山、焦核、蠟荔枝等品種的記述。此後諸多《荔枝譜》也將焦核作為一個品種對待。現代命名體系中則是將焦核作為一種特徵，大致可分為無核、焦核、大核等類型，因為荔枝良種繁育技術發展至現代，培育焦核難度不大，人們對該特徵的重視程度也就自然下降。古時的上品荔枝需要口味好、核小，對核的大小尤其看重；現代對優質荔枝的要求則越來越高，除口味好、核小外，是否容易保鮮等也被納入評價體系當中，相對而言焦核與否就顯得不那麼重要了。故查閱現代著作《中國果樹志·荔枝卷》不見焦核這一品種，而荔枝名品元紅之所以又被稱為焦核，也是因為該品種符合“焦核”這一特徵。《廣東荔枝志》已將焦核荔枝劃入笑枝類，代表品種為笑枝，其他如大造等品種均屬於此類。

如今荔枝仍無完整科學的命名體系，品種傳承歷史尚屬混亂，就現有荔枝品種命名情況而言，提出新的命名法則反而會造成新的誤區，且古荔枝譜中的品種也將難以考證。筆者認為當以蔡襄《荔枝譜》為基礎，對需要做改進處進行完善，以此為基礎準則。因在蔡譜之前未有荔枝品種的大量記載，故可減少考證的工作量，規避荔枝品種研究工作中的部分名稱錯誤。

清代農書《救荒月令》所見蔬菜品種變遷

中國救荒書卷帙浩繁，今日可考可查的約有 280 部，實際上流傳的救荒書遠不止此。其中，清末郭雲陞所著農書《救荒簡易書》就是其中的一部重要救荒書。該書雖作於近代，但流傳不廣，所藏皆殘本。顧廷龍主編的《續修四庫全書》影印本及中國農業遺產研究室所藏線裝刻本均只有《救荒月令》《救荒土宜》《救荒耕鑿》《救荒種植》四卷，其餘部分佚失。因而至今未有人進行該書相關研究，但該書有著極高的參考價值，記載了多種前人未記載的作物，對作物性狀、特性描繪十分詳細，突出其救荒作用，可謂中國古代救荒書的集大成者，並且該書已明顯受到西方農業科技的影響，具有承前啟後的作用。

我國歷來夏季蔬菜品種偏少，直到明清之際才最終形成夏季蔬菜格局，從《救荒簡易書》第一卷《救荒月令》對各月栽培蔬菜的詳細記載中可見一斑。因此，筆者以《救荒月令》為研究對象，對書中所記載的蔬菜相關知識進行梳理、分析，進一步明晰明清夏季蔬菜的品種變遷狀況。

《救荒月令》是清代郭雲陞於光緒二十二年（1896）所著農書《救荒簡易書》的第一卷。郭雲陞在自序中說：“其一救荒月令，其二救荒土宜，其三救荒耕鑿，其四救荒種植，其五救荒飲食，其六救荒療治，此前半篇文章也，遇小荒年但用空單空本印送各村各鎮，斯救荒之能事畢矣；其七救荒質買，其八救荒轉移，其九救荒興作，其十救荒招徙，其十一救荒聯絡，其十二救荒預備，此後半篇文章也，遇大荒年即用實財實力推行各城各鄉，斯救荒之能事畢矣。”《救荒簡易書》成書於清末，該書結構、體例、思路等大致與古農書差別不大，但已明顯受到西方農業科技的影響。郭雲陞云：“（本書）取天地自然之利以利之，用力少而成功多，惠而不費，救荒簡易書所操之術也，此其所以不同也。”

《救荒月令》所記載夏季蔬菜既多，且種類也比較罕見。因《救荒簡易書》成書於清末，當時我國夏季蔬菜結構已經基本成型，所以縱觀該書可知我國明清夏季蔬菜的發展。而《救荒月令》是其中較有特點的一部分，其列舉了正月至十二月可種之穀類及菜類，並對各種作物的名稱、性狀及種植方法作了介紹，災情發生時可進行對照，種植救荒作物，簡潔明快，有較高的參考價值。

這裏需要說明的是，本章所說的“夏季蔬菜”是廣義上的夏季食用的蔬菜——在一年中平均氣溫較高時收穫的蔬菜，時間跨度大概從五月開始到九月期間，但不限於六月、七月、八月栽培供給的蔬菜。而且，部分蔬菜可常年供應，如蘿蔔、菘菜、蒿菜等蔬菜，史料皆有記載。《二如亭群芳譜》關於蘿蔔種植解曰：“月月可種，月月可食。”關於菘菜，《二如亭群芳譜》曰：“春不老菘菜四時皆可種。”據《農政全書》記載：同蒿菜（蒝荽菜、菠菜）四時皆可種而種之也。在這裏也作為廣義的夏季蔬菜。

《救荒月令》中記載正月下種的夏季蔬菜不多，共七種：蠶豆正月種，小滿熟；豌豆正月種，小滿熟；小扁豆正月種，芒種熟；南瓜立春日種，芒種夏至可食；筍瓜立春日種，芒種夏至可食；假南瓜立春日種，芒種夏至可食；搦瓜立春日種，芒種夏至可食。《救荒月令》載假南瓜"亦筍瓜之類也"，那應該也是南瓜屬植物，筆者推測可能是西葫蘆，或是西葫蘆的變種攪瓜。"搦瓜與西瓜同類而異種，一名打瓜，一名攝瓜"，打瓜是籽用西瓜。

《救荒月令》中記載二月下種的夏季蔬菜：和正月同，即蠶豆，小滿後五日熟；豌豆，芒種後五日熟；小扁豆，芒種後五日熟；南瓜，小暑即可食也；筍瓜，小暑即可食也；假南瓜，小暑即可食也；搦瓜，小暑即可食也。

《救荒月令》中記載三月下種的夏季蔬菜，除了和正月、二月相同的蠶豆（夏至後一日即熟）、南瓜（大暑可食）、筍瓜（大暑可食）、假南瓜（大暑可食）、搦瓜（大暑可食）五種外，多出了豇豆、菜角豆、青茄菜、紫茄菜四種蔬菜。一二月均有記載的豌豆、小扁豆三月已不宜下種。豇豆"處處有之，穀雨前後種者六月便熟，再種之，一年可兩收"。菜角豆又名刀豆。青茄菜、紫茄菜均為茄子品種。

除芥藍原產中國外，各甘藍變種均原產地中海沿岸。

《救荒月令》中記載四月下種的夏季蔬菜數量驟然增多，如蠶豆、紅子豇豆、白子豇豆、華黧子豇豆、長秧菜角豆、短秧菜角豆、圓蔓菁、長蔓菁、山蔓菁、洋蔓菁、出頭白蘿蔔、埋頭白蘿蔔、多汁白蘿蔔、無汁白蘿蔔、圓蛋白蘿蔔、黃色胡蘿蔔、紅色胡蘿蔔、油菜、擘藍菜、春不老菘菜、苜蓿菜、莙薘菜、冬葵菜、掃帚菜、尖葉莧菜、圓葉莧菜、南瓜、筍瓜、假南瓜、搦瓜、罌粟苗菜、紅花苗菜、蒝荽菜、茼蒿菜、菠菜等。

擘藍菜，學名球莖甘藍。春不老菘菜，一種大白菜。莙薘菜是葉用甜菜。冬葵菜，古之百菜之主，今又稱冬莧菜。蒝荽菜，即香菜。洋蔓菁標準名稱是蕪菁甘藍。《救荒月令》中四月下種的夏季蔬菜很多並不是在四月第一次出現，《救荒月令》四月以前的月份已有記載，也就是正月、二月、三月均可栽培，正如《二如亭群芳譜》曰："春不老菘菜四時皆可種。"《農政全書》曰："菠菜四時皆可種而種之也。"但皆因為收穫過早，不算作夏季蔬菜。到了四月，這些蔬菜則是"四月種，五月可食"，所以在此時歸為夏季蔬菜。紅子豇豆、白子豇豆、華黧子豇豆、長秧菜角豆、短秧菜角豆在《救荒月令》載："大暑即熟，小暑嫩角可食也。"南瓜、筍瓜、假南瓜、搦瓜，在四月下種，已經不是最佳時間，但仍然可以種植。《農政全書》種瓜篇曰："二月上旬種為上時，三月上旬為中時，四月上旬為下時，五六月上旬可種藏瓜。"關於油菜栽培的記載亦是如此，"油菜四月種，救荒權宜之法也，非荒年不可種"。

《救荒月令》中記載五月下種的夏季蔬菜與四月基本相同，如蠶豆、快豇豆、快菜角、圓蔓菁、長蔓菁、山蔓菁、洋蔓菁、出頭白蘿蔔、埋頭白蘿蔔、多汁白蘿蔔、無汁白蘿蔔、圓蛋白蘿蔔、黃色胡蘿蔔、紅色胡蘿蔔、油菜、擘藍菜、春不老菘菜、苜蓿菜、莙薘菜、冬葵菜、掃帚菜、尖葉莧菜、圓葉莧菜、快南瓜、快筍瓜、快假南瓜、快搦瓜、罌粟苗菜、紅花苗菜、蒝荽菜、茼蒿菜、菠菜。而蠶豆、快豇豆、快菜角、快南瓜、快筍瓜、快假南瓜、快搊瓜等，作為夏季蔬菜並不適合五月下種，《救荒月令》中也認為，五月下種實為“救荒權宜之法也”。從以上蔬菜名中的“快”字也可看出，它們培養期短，應該屬於生長不完全的蔬菜。油菜、掃帚菜“五月種，救荒權宜之法也”。苜蓿菜五月栽培也不是最佳的時間，“必須和黍種之，使黍為苜蓿遮陰。以免烈日曬殺”。莙薘菜五月種“必須和麻種之，使麻為莙薘遮陰。以免烈日曬殺”。其他蔬菜基本為“五月種，六月可食”，沒有時間不適宜一說。

胡蘿蔔原產於亞洲西南部，阿富汗為最早演化中心。

《救荒月令》中記載六月下種的夏季蔬菜在五月的基礎上有所減少，有如蠶豆、圓蔓菁、長蔓菁、山蔓菁、洋蔓菁、出頭白蘿蔔、埋頭白蘿蔔、多汁白蘿蔔、無汁白蘿蔔、圓蛋白蘿蔔、黃色胡蘿蔔、紅色胡蘿蔔、油菜、擘藍菜、春不老菘菜、苜蓿菜、莙薘菜、冬葵菜、掃帚菜、尖葉莧菜、圓葉莧菜、罌粟苗菜、紅花苗菜、蔯荽菜、茼蒿菜、菠菜、黃菘菜、白菘菜、黑菘菜、麵菘菜等蔬菜。蠶豆“六月種，救荒權宜之法也”。其他六月下種的夏季蔬菜記載皆為“六月種，七月可食”。苜蓿菜、莙薘菜“必須和蕎麥種之，使蕎麥為苜蓿（莙薘）遮陰，以免烈日曬殺”。掃帚菜、尖葉莧菜、圓葉莧菜、罌粟苗菜、紅花苗菜，已經錯過最佳種植時間，“救荒權宜之法也”。而在六月新出現了一批菘菜，也就是白菜的不同品種。《救荒月令》記載“黃菘菜即黃芽菜，蓋種秋黃芽也”，“白菘菜即白菜，蓋種秋白菜也”，“黑菘菜古人呼為烏菘菜，今人呼為黑白菜，蓋種早黑白菜也”，“麵菘菜出濟南府土人呼為麥白菜，能當飯吃，蓋種秋麥白菜也”。

四季豆（菜豆）原產於中南美洲，在豆類作物中栽培面積僅次於大豆。

《救荒月令》中記載七月下種的夏季蔬菜與六月完全一樣，均是“七月種，八月可食”。《救荒月令》中記錄的八月下種夏季蔬菜：蠶豆、豌豆和小扁豆“八月種，嫩苗九月可食也”；圓蔓菁、長蔓菁、山蔓菁、洋蔓菁、出頭白蘿蔔、埋頭白蘿蔔、多汁白蘿蔔、無汁白蘿蔔、圓蛋白蘿蔔、黃色胡蘿蔔、紅色胡蘿蔔、油菜、擘藍菜、春不老菘菜、苜蓿菜、莙薘菜、冬葵菜、罌粟苗菜、紅花苗菜、蒝荽菜、茼蒿菜、菠菜、黃菘菜、白菘菜、黑菘菜、油菘菜、麵菘菜等均是“八月種，九月可食”。

以上為《救荒月令》所記載的夏季蔬菜，縱觀筆者羅列，可知《救荒月令》記載極為精細，將同一蔬菜的不同品種進行了明確的記載，如蔓菁、蘿蔔、白菜、南瓜等，均記載了該類蔬菜的不同品種。較其他農書而言更加詳細全面，而且按照時間順序羅列，推廣價值也更大。但不足之處亦有之——郭雲陞作此書時基本取材於周邊。因郭雲陞是河南人，所以《救荒簡易書》中大量引用河南、河北、山東等周邊地區農民的農業生產經驗，文中大量出現“滑縣老農”“長垣老農”“祥符老農”等河南地區老農的種植經驗，以及“直隸老農”“山東老農”等的種植經驗，可見作者雖然對河南及附近地區調查得頗為詳細，但由於地域限制未進行全國的大範圍調查，因此記載難免會有所缺失；或受到地域差異而有所偏頗，如並未記載典型的夏季蔬菜番茄、絲瓜。另外，本書作為救荒書，郭雲陞坦言“為救荒而作”，因此非救荒類蔬菜不會記載其中，如夏季蔬菜辣椒，亦隻字未提。即便如此，《救荒月令》對夏季蔬菜的記載仍然是十分全面的，由此可見明清夏季蔬菜的發展狀況和以茄果瓜豆為主的夏季蔬菜結構。

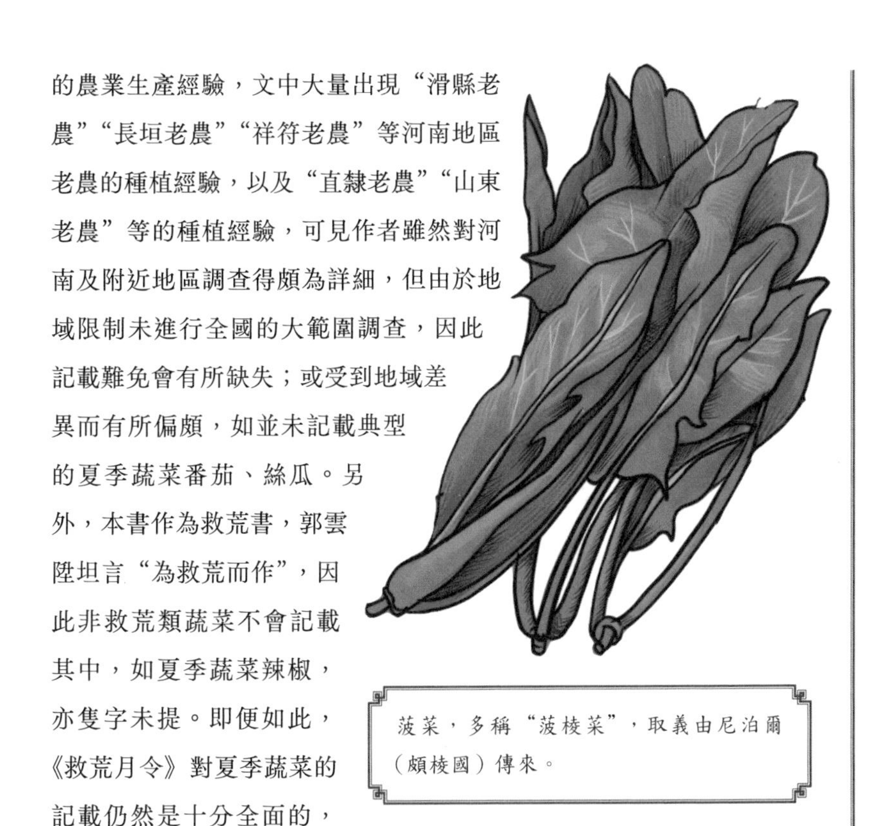

菠菜，多稱“菠棱菜”，取義由尼泊爾（頗棱國）傳來。

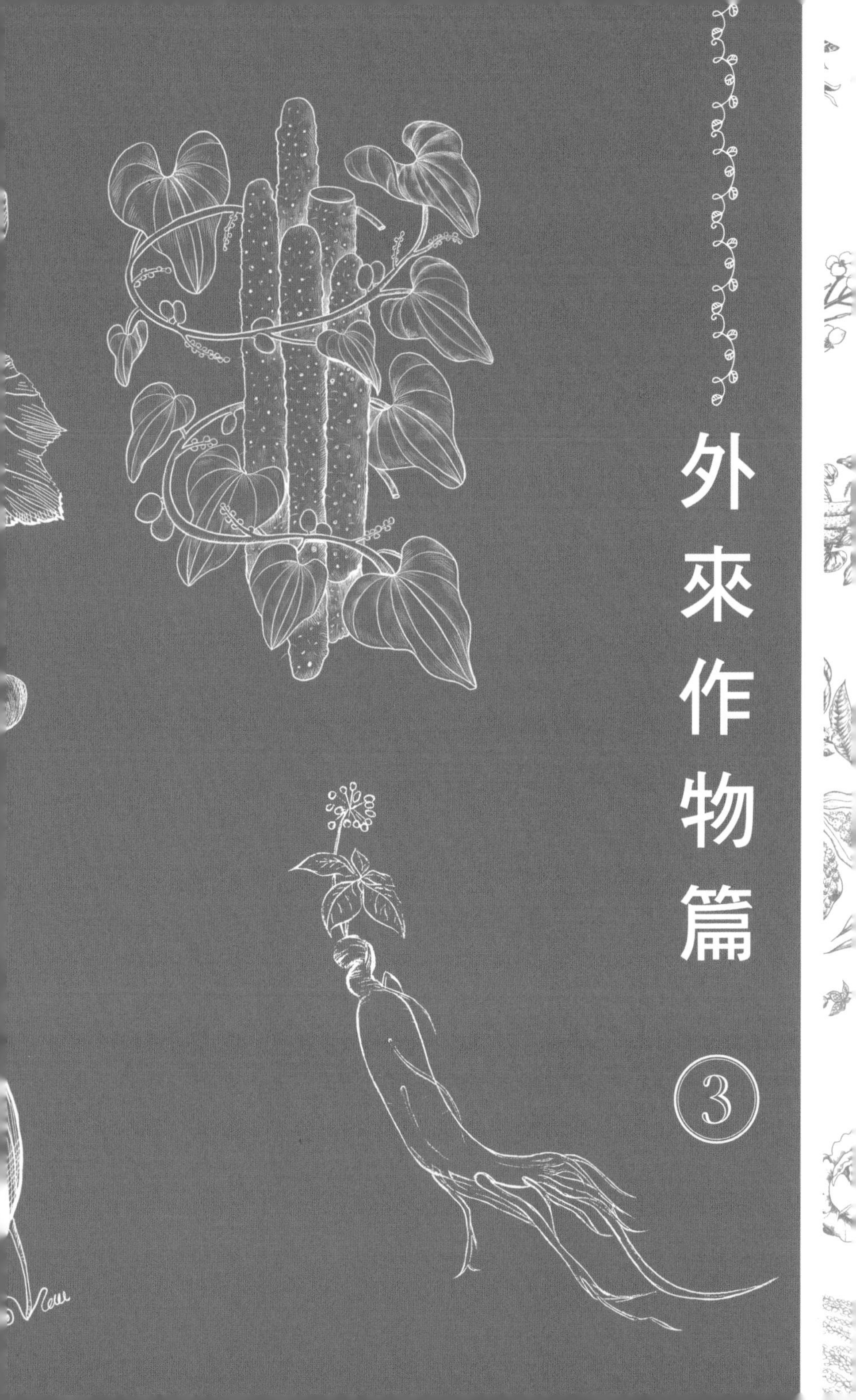
外來作物篇
③

海外作物的引進

海外作物，又稱域外作物、外來作物，顧名思義，即非中國原產、起源於國外的農作物。由於不同歷史時期中國疆域不斷變化，很難界定個別作物到底是否屬於外來，但一般而言，以今天的版圖為準，少數民族地區作物我們不作為海外作物視之。

“海外作物”悖論

首先，如何判斷某一作物是否為海外作物？經常有人撰文認為有的海外作物起源於中國，特別是在學術環境、資訊傳播情況不盡如人意的 20 世紀，他們羅列證據，比如認為“紅薯”“花生”“南瓜”等名詞似乎在 1492 年之前的古文獻中出現過，以此來論證這些作物起源於中國。

實際上這多是狹隘的民族主義在作祟，完全是子虛烏有的。其實，中國地大物博，由於各種因素導致植物名稱中的同名異物和同物異名現象非常常見，以及中國古籍經常出現後人託名前人偽造文本的現象，所以研究者稍有不慎就會掉入圈套。我們要判斷某一植物起源於某處，應當具備三個條件：第一，有確鑿的古文獻記載；第二，有該栽培植物的野生種被發現（少部分作物不適用此項）；第三，有考古材料支撐。三者缺一不可，否則便是孤證，即使有的考古發掘看似很權威，也不可盲從。20世紀60年代的浙江錢山漾遺址中就發現了“花生”“蠶豆”和“芝麻”，後來被證明是認定錯誤，可見考古報告出現錯誤的例子是不少的。

此外，尚有一小部分人堅持中國人在哥倫布之前就抵達美洲，因此美洲作物雖不是中國原產，但抵達中國的時間應該早得多。他們是孟席斯、李兆良等的追隨者，雖然多次有人對他們的言論發起了抨擊，但是這種觀點依然屢見不鮮，譬如新近李浩（2018）撰文認為14—15世紀美洲主要作物也開始在中國方志、本草等書籍中大量出現。殊不知其所謂的證據《飲食須知》是一部清人託名的偽書，《滇南本草》抄本形式流傳後人串入甚多，至於明弘治《常熟縣志》的“花生”其實是土圞兒（*Apios fortunei Maxim.*），景泰《雲南圖經志》中的“蕃茄”也不能被證明就是西紅柿。

海外作物名錄

中國現有作物有1100多種，主要作物有600多種，這其中一半左右是海外作物。海外作物傳入中國可分為五個階段：先秦、漢晉、唐宋、明清以及民國。先秦從屬於前絲綢之路時代，代表性作物如麥。漢晉時期傳入作物多冠以“胡”名，如胡麻（芝麻）、胡荽（香菜）、胡桃（核桃）、胡蒜（大蒜）、胡蔥（蒜蔥）、胡瓜（黃瓜）、胡豆（豌豆）、胡椒等，當然並非所有此時進入中國的作物均將“胡”作為前綴，帶“胡”字的作物也並非均是海外作物，“胡”更不是都是來自西域，比如胡椒就來自印度。唐宋時期傳入作物常冠以“海”名，如海棠、海棗（椰棗），但更多無“海”。明清則突出了“番”字，如番麥（玉米）、番薯、番茄、番瓜（南瓜）、番豆（花生）、西番葵（向日葵）、番椒（辣椒）、番梨（菠蘿）、番木薯（木薯）、西番蓮、番荔枝、番石榴、番木瓜等，倒是以“番”佔了主體。進入近代，“洋”“西”則成了主要特色，洋芋（土豆）、洋白菜（結球甘藍的再引種）、洋蔥、洋蔓菁（糖用甜菜）、西芹、西藍花等。具體見下表。

歷代引入中國的主要海外作物

時期	引入中國的作物
先秦	大麥、小麥、甘蔗等
漢晉	高粱、芝麻、香菜、核桃、大蒜、大蔥、黃瓜、豌豆、胡椒、安石榴、葡萄、茴香、蒔蘿、著蓮、扁豆、亞洲棉、茄子、榅桲、蘋婆、訶黎勒等
唐宋	占城稻、海棠、海棗、西瓜、絲瓜、菠蘿蜜、萵苣、胡蘿蔔、菠菜、茼蒿、刀豆、開心果、無花果、巴旦杏、蠶豆、油橄欖、檸檬、鉤栗、苦瓜、罌粟、亞麻、洋蔥、“金桃”、球莖甘藍等
明清	玉米、番薯、土豆、南瓜、菜豆、萊豆、筍瓜、西葫蘆、木薯、辣椒、番茄、佛手瓜、蕉芋、花生、向日葵、煙草、可可、美棉、西洋參、番荔枝、番石榴、番木瓜、菠蘿、油梨、腰果、蛋黃果、人心果、西番蓮、豆薯、橡膠、古柯、金雞納、結球甘藍、芒果、荷蘭豆等
近代	糖用甜菜、花椰菜、西芹、西藍花、苦苣、西洋蘋果、草莓、咖啡等

可見漢晉、唐宋、明清三個階段最為重要。漢晉基本均為陸路，且以西北絲路為主要渠道，兼有蜀身毒道引自印度，個別小眾作物從海上傳入；唐宋陸海並重，顯示了此時路徑的多元化；明清以降則是以海路為主，反映了海外作物來華海路愈發重要。長時段來看，由於夏季蔬菜的缺乏，海外作物的引種以蔬菜為主，兼及果品，偶有個別糧食作物傳入。地理大發現之後，來自美洲的糧食作物、菜糧兼用作物提升了糧食作物的佔比。當然，明清以來折射出作物品類的更加多元化，奠定了今天的農業地理格局。

上表僅是一些主要的海外作物，更多的不勝枚舉。筆者之所以不厭其煩地列舉，除了達到使名目更加清晰的目的之外，也是為了便於下文敘述，因為目前作物史的文本書寫主要還是圍繞上述作物展開的。

陸海絲綢之路

傳統社會幾乎所有的物種交流都發生在陸海絲綢之路上。絲綢之路是中外交流的橋樑，中外文明在絲綢之路上交織與碰撞，這也是一直以來中西文化交流的主要研究內容，如海外作物傳入中國引發飲食文化、物質生活的變革。

絲綢之路是雙向互動的，所以雖然中國的作物對世界也產生了重要影響，但是海外作物對中國的影響更有甚之，中國得益於早期全球化的成果，中國人從口到腹都是外來作物的受益者。我們都講多元交匯和精耕細作共同打造了中國的農業文明，前者尤其可見中國的包容性，正是因為化外物為己用，才使得文明賡續延綿。

海外作物傳入傳統中國，自然通過陸海絲綢之路。路上絲綢之路（包括前絲綢之路時代）從未斷絕，它們主要通過使臣遣返、商旅貿易、多邊戰爭以及流民移民等途徑進入中國。西北絲路有其不穩定性，經常被戰亂或北方少數民族的侵擾影響，如“永嘉之亂”“安史之亂”“靖康之亂”，特別是中唐以來，吐蕃崛起、西夏回鶻割據，控制了隴右和河西，西北絲路受到了阻斷，是故西北絲路以前半段（漢、唐）為主，傳入大量中亞、西亞乃至歐洲、非洲作物。

海上絲綢之路南海航線形成於秦漢之際，即前 200 年左右，徐聞、合浦和日南（今越南）成為海上絲路的最早始發港。海上絲路在前半段一直穩步發展，至遲在東漢就已經有海外作物經海路傳入。伴隨著西北陸路的衰弱，加之經濟重心南移，以及航海技術的發展、海運本身的優勢，海上絲路愈發重要，傳入作物的數量也非常可觀。直至葡萄牙人 1511 年佔領馬六甲，中國逐漸失去海上絲路的話語權。此外，海上絲綢之路是否就等同於海路？兩者是不能畫等號的，1840 年後中國遠洋航線被迫轉型為近代國際航線。因此，就本章來說，“海路”比“海上絲綢之路”更為貼切，因為近代以來傳入作物並不少，雖然多數是中國本土作物的“回流”以及早已傳入的海外作物的新型品種。

明清時期西紅柿多作觀賞植物。

多路線問題

關於海外作物的研究發展到今天已經堪稱顯學，研究成果滿坑滿谷，研究面相多種多樣。回歸到本章，我們自然是主要關注海外作物的引種時間、路線、傳入人三大基本問題，這是長期以來關於海外作物關注度最高的問題，畢竟釐清了這些，才能進一步追問其他問題。

但是，實際上關於海外作物來華的三大基本問題，並不存在單一線性的解釋。首先，海外作物來華在同一時期往往存在著互不相干的多條路徑，即使是同一路線一般也會誕生出多條次生傳播路線。幾大絲路均存在這種可能性。

其次，即使是同一地區，作物也經常要經過多次的引種才會扎根落腳，其間由於多種原因會造成栽培中斷，這就是我們常見的文獻記載

“空窗期”，中間甚至會間隔數個世紀。

再者，初次傳入種一直局限於一隅並未產生重大影響，末次新品種由於馴化優勢明顯，傳入後實現了對其的排他競爭。這可以解釋一些海外作物長期傳播緩慢，但突然在某一個時段內爆發式傳播。

最後，即使某一作物確實係中國原產，由於作物的多元起源中心（與作物起源一元論並不矛盾，因為作物往往存在著次生小中心），同樣的作物不同的品種亦可能再傳入中國，即使僅存中國中心，他國馴化新品種亦能“回流”入華。

總之，上述四點都提示我們要特別謹慎對待海外作物來華的路線。回歸到本章，特別需要注意的就是，即使關於一些海外作物傳入的傳統觀點認為其首次經由陸路來華，也不代表其後續沒有通過海路來華的可能性，這是研究海外作物海路傳播問題需要細緻入微考察的。

海外作物的貢獻

關於海外作物的貢獻，學界討論頗多，以王思明教授的研究最有代表性。按照王思明教授的經典論述，海外作物的主要影響有：一是緩解人地矛盾，滿足了日益增長的人口需求；二是強化男耕女織模式，滿足中國人的衣著需求；三是促進商品經濟發展，有助於增加農民收入；四是增加優良飼料作物種類，極大促進畜牧業的發展；五是豐富中國蔬菜瓜果的品種，增添人們的食物營養和飲食情趣；六是增加食用油原料種類，豐富中國食用油的品味；七是拓展土地利用的時間與空間，有助於提高農業集約經營的水平；八是吞雲吐霧，吸煙成為一種社會習慣。大體上是沒有問題的，本章不再贅述。

究竟何人傳入番薯？

番薯原產於中美洲，學名甘薯 [*Ipomoea batatas*（L.）Lam]，別名常見有紅薯、山芋、地瓜、紅苕、白薯等，至少在 40 種以上。中國長期佔據番薯第一大生產國和消費國的地位，番薯作為大田作物的重要性不言而喻，實際上在各歷史時期番薯也是頗受王朝國家、地方社會與升斗小民青睞的“救荒第一義”。番薯在傳入中國的美洲作物中頗為特殊，最早（明萬曆年間）地發揮了糧食作物功用，也是美洲作物中唯一擁有多部農書、清乾隆帝親自三令五申勸種的作物。

番薯早期入華史不乏各色故事，趣味性強，讓它可以說是最具有奇幻色彩、傳奇情節的美洲作物乃至外來作物。其中不乏驚心動魄的天方夜譚，因為歷來在坊間流傳著關於番薯的種種故事，在網絡文學、快餐文化流行的今天，更是頗具神奇色彩。經由寫手添油加醋之後，傳說不斷層累，達到了讓人瞠目結舌的地步，用西方奇幻作品三巨頭之一的《時光之輪》開篇語來概括最為合適不過：“世代更替只留下回憶，殘留的回憶變為傳說，傳說又慢慢成為神話……”雖然這些傳說筆者多數可以證偽，但作為一種歷史書寫，有必要將之展現給讀者，交由讀者自行判斷。

番薯入華問題的來龍去脈

就番薯傳入觀點而言，對番薯傳入我國的時間，學術界比較一致的意見認為是 16 世紀末或明萬曆年間，然在具體年限上，也有人認為在萬曆二十一年（1593）福建商人陳振龍從呂宋島運回薯種之前，番薯已傳入我國。陳文華《從番薯引進中得到的啟示》（《光明日報》1979 年 2 月 27 日）指出："早在萬曆二十一年以前，紅薯已傳入東莞、電白、泉州、漳州等地。"代表了學界的一般觀點。

近代以前，人們對番薯入華還是勉強可以達成基本共識的，雖然通曉人數不多、傳播範圍有限，依然可以說存在主流觀點。

明萬曆二十二年（1594）福建大荒，之後番薯第一次載入萬曆《福州府志》："番薯，皮紫味稍甘於薯、芋，尤易蕃郡。本無此種，自萬曆甲午荒後，明年都御史金學曾撫閩從外番乞種歸，教民種植，以當穀食，足果其腹，荒不為災。"就是說在 1594 年大旱之後，番薯進入福建民眾的視野，特別在當時的巡撫金學曾的努力下，從域外引入番薯，教百姓按法種植，不僅緩解了災荒，在日後一逢災荒，也發揮了救荒奇效。萬曆《福州府志》的敘事有時間、地點、人物、過程，相對可信，而且萬曆《福州府志》由當時的福州府知府喻政任總編，著名文人林烴、謝肇淛具體編寫，刻於萬曆四十一年（1613），代表官方話語體系，可以說暫且已經沒有疑義。因此，該主流觀點入清以來也得到了繼承，至少在福建人看來確實是如此。上述寫法在近代也得到了部分繼承，可能是單純抄襲，也可能此觀點影響過大，一直有人堅信如此。

清乾隆以來，敘事內容發生了些許變化，這種變化是由於乾隆四十一年（1776）陳世元輯錄《金薯傳習錄》激起的漣漪。番薯集大成專書《金薯傳習錄》詳細描述了番薯入華的過程，《金薯傳習錄》保存了明萬曆二十一年（1593）《元五世祖先獻薯藤種法後獻番薯稟帖》，詳細記載了陳世元六世祖僑胞陳振龍萬曆二十一年從菲律賓引種番薯，並得到福建巡撫金學曾支持推廣的經過。

簡單地說，就是陳經綸說他的父親陳振龍在菲律賓做生意比較久了，按我們今天的話來說就是華僑了，可能幾年也不回一次家，僅通過僑批（銀信）與老家保持聯絡。陳振龍在菲律賓發現了一種叫“朱薯”的東西（“朱薯”這個名稱不排除是陳振龍或陳經綸發明的），好處多多，想到“八山一水一分田”的福建老家，見多了民間疾苦，也正是因為福建地狹人稠，所以福建人特別具有海外開拓精神，以前是遍佈南洋，現在更是遍佈全世界。陳振龍心想如果能將其引種到老家，該多好啊！於是偷偷買了些種子並向當地人學習種植方法，帶回福建。

事情的來龍去脈非常清楚，又保存了金學曾的批覆，證據確鑿。這是非常符合邏輯的，畢竟金學曾貴為一省巡撫，不可能親自將番薯引入，具體由何人實施，不可能也沒有必要書寫。再說陳振龍不過是海外僑商，其子陳經綸僅僅是生員，地位低微，方志不表乃意料中事。時過境遷無人知曉，不過歸功於金學曾也並無不妥，畢竟金學曾親自主持推廣，“因飭所屬如法授種，復取其法，刊為《海外新傳》，遍給農民。秋收大獲，遠近食裕，荒不為害，民德公深，故復名金薯云”。金學曾根據種植經驗寫就了《海外新傳》這部番薯推廣的技術手冊，挽救了福建的糧荒，人民對金學曾感恩戴德，將番薯命名為“金薯”。

清乾隆以後，多數頌揚均是同時獻給金學曾與陳振龍的，如道光十四年（1834）福州人何澤賢建先薯祠，先薯祠上書：“上祀先薯（即先穡之意）及萬曆間巡撫金學曾配以長樂處士陳振龍、振龍子諸生經綸、國朝閩縣太學生陳世元。”類似記載不乏對金學曾、陳振龍的歌頌，一直流傳在清至民國福建方志中。

民國以來，番薯影響日增，對其起源與流佈問題的討論提上日程。萬幸有人目睹過《金薯傳習錄》，或在方志中發現過蛛絲馬跡，或通過口口相傳了解過基本情況，所以關於番薯入華的基本情況，人們基本上還是認同“陳振龍引入，金學曾推廣”這樣的傳統觀點。

其他觀點並非主流，1915 年《辭源》初版就是其中之一，一改往日之舊說（料想並未目睹《金薯傳習錄》，民國時期此書已近失傳），首次提出“其種本出於交趾，吳川人林懷蘭嘗得其種以歸，遍種於粵，因不患凶旱，電白縣有懷蘭祠，題曰番薯林公廟”的觀點，或是撰寫條目者為廣東人，即使並未目睹確鑿文獻，但知悉家鄉林懷蘭引入番薯的傳說。梁方仲（1939）憑藉扎實的文獻功底，首次提出番薯從菲律賓引入先登陸福建漳州的觀點，同時繼承了番薯從越南引入廣東電白的觀點。吳增（1937）發現《朱薯疏》（實為《朱蕷疏》），整理出新的路線，即早於陳振龍近十年到福建晉江的線路。

萬國鼎不知從何處知曉了一條新的路線，即由陳益從越南引入廣東東莞。《金薯傳習錄》也引起了郭沫若的注意，他 1962 年來閩目睹該書，1963 年在《人民日報》上高度評價陳振龍的功績，導致 1979 年《辭源》修訂版都調整了說法：“明萬曆時由呂宋引進，初僅在廣東福建一帶種植，後幾遍及全國。”

何炳棣在 20 世紀 50 年代又提出番薯等美洲作物獨立從印度、緬甸一帶被引入雲南的觀點。至此，番薯入華幾大登陸地福州、漳州、泉州、電白、東莞、雲南基本定型，後來還有一些其他觀點如明洪武蘇得道從蘇祿國引入泉州晉江、萬曆從日本引入浙江普陀，均有一定的影響。

綜上所述，我們可以發現番薯入華並非一人之功勞，而是經過多人、多路徑（可能有的人還是多次）引種最終完成本土化，不同渠道之間的區別僅僅在於影響大小、時間早晚。因此，論及番薯入華問題，學界一般博採眾長，逐一羅列，至少肯定福州、漳州、泉州、電白、東莞、雲南其中的三條乃至更多線路，這樣處理是最穩妥和全面的，已經成了金科玉律般的"標準答案"。20 世紀還有人對其中的部分線路有不同的觀點，21 世紀以來已經趨同般地人云亦云。

那麼，看似已經沒有討論的必要了，但其實如果仔細思考，便會勾連起強烈的問題意識。作物傳播的多路線是一個基本常識，所以理論上確實可能存在多條番薯引種路線，但是番薯傳入的問題在於路線過多、太過細緻、敘述過晚。

從菲律賓到福州長樂

即陳振龍一線。學界公認該線路影響最大，因為得到了金學曾全省範圍的推廣。質疑的聲音不是沒有，但基本難以成立，如朱維幹（1986）認為何喬遠在《閩書》中未曾記載金學曾此事，因此金學曾覓種一事純屬偽造，後有個別人附和此觀點，影響甚微。畢竟有明萬曆《福州府志》等文獻相互參照，不容置疑。至於《閩書》失於記載，這是文獻學的基本常識，是否方志就要事無巨細地記載一地全部大小事務？答案是否定的，《閩書》中未記載的中國本土作物多矣，當然不代表它們就不存在於當地。誠如謝肇淛參與編纂萬曆《福州府志》，對金學曾頗為推崇，但其《五雜俎》並未提及金氏半點。

唯我們對《金薯傳習錄》中《元五世祖先獻薯藤種法後獻番薯稟帖》記載的“此種禁入中國”“捐資陰買”持有疑問，未見其他佐證材料，美洲作物多矣，未聞其他有此情形。如果番薯真具有“禁入中國”的價值，可以料想，中間商西班牙早就用來牟利了。況且菲律賓“朱薯被野”，也是無法限制住的，不排除陳家刻意為之抬高自己的可能性。

再者，對於番薯入華的流程，後世也是充滿了想象，始作俑者可能是徐光啟。徐光啟道聽途說“此人取薯藤，絞入汲水繩中，遂得渡海”，將薯藤藏到了汲水繩中，很有創造性，似乎比當事人知道得更清楚、更離奇。在不斷流傳的過程中又滋生了新的想象，步步層累，演變成鐵一般的事實。最好笑的是在當下網文流行的年代，在寫手的筆下，從菲律賓到福州長樂這樣一條普通的路線已經充滿了玄幻色彩，讓人瞠目結舌，這些其實基本都是假的。

從菲律賓到泉州晉江

見於蘇琰《朱蕷疏》，但早已不存，今人僅靠清人龔顯曾《亦園脞牘》輯錄得以窺見一斑。

明萬曆間，侍御蘇公琰《朱蕷疏》，其略曰：萬曆甲申、乙酉間，漳、潮之交，有島曰南澳，溫陵洋泊道之，攜其種歸晉江五都鄉曰靈水，種之園齋，苗葉供玩而已。至丁亥、戊子，乃稍及旁鄉，然亦置之磽确，視為異物。甲午、乙未間，溫陵饑，他穀皆貴，惟蕷獨稔，鄉民活於薯者十之七八，繇是名曰朱蕷。

近人對《朱蕷疏》的認識都是來源於《亦園脞牘》，但《亦園脞牘》本身就是再加工，“其略曰”已經不言而喻了，能在多大層面上忠實文本，要畫一個問號。

幸甚，我們發現中國科學院自然科學史研究所圖書館藏《金薯傳習錄》，與中國農業出版社影印福建省圖書館藏“丙申本”（該刻本封面正題：乾隆丙申刪補，即清乾隆四十一年刻本，我們稱之為“丙申本”）不同，竟然保存了《朱薯疏》全文，尚無人使用。

大略意思為：1593 年，有向何氏九仙祈夢的人，問天下何時太平，何氏九仙說“壽種萬年寶，昇平遍地瓜”，到 1594 年真的如此。原來，在 1593 年冬季已經沒有宋代銅錢了，人們開始用明萬曆通寶，同時 1594 年開始大家紛紛種植番薯。有福州船從泉州出海，有個叫陳振龍的人從菲律賓獲得了番薯種，裝在籃子裏帶了回來，回來的船上有泉州人知道這件事，求得了一些種子，種在晉江縣五都鄉靈水這個地方。剛開始就是種著玩玩，也可能種植不得要領，番薯就比手指大一點而已。1596 年、1597 年番薯延伸到了附近的鄉鎮，然而僅是種在貧瘠的土地上，被當成“異物”。

從內容上來看，筆者認為這個記載還是相當可信的，符合邏輯。首先這段話沒有誇大番薯的影響（產量、傳播速度等），這是一個新作物應有的情況；其次 1594 年福建大旱，主要集中在福建北部地區，福建南部情況稍好，所以可以解釋“丙申、丁酉稍及旁鄉，然亦僅置之磽確，視為異物”；再次說的是陳振龍“挾小籃中而來”，大搖大擺，沒有藏著掖著，這也呼應了前文筆者質疑的“此種禁入中國”“捐資陰買”。

《金薯傳習錄》完整還原了《朱薯疏》，對比《亦園脞牘》發現兩者引種時間與路線有重大差異。《亦園脞牘》之說是早在明萬曆十二年（1584），番薯就由泉州人從南澳島攜歸，與陳振龍毫無干係，且比之提前九年。《金薯傳習錄》之說則是陳振龍歸來船上，泉州人求種攜歸，換言之，從菲律賓到泉州晉江線其實是從菲律賓到福州長樂線的支線，主角都是陳振龍。

對照《金薯傳習錄》中《朱蕷疏》全文，《亦園脞牘》剪裁、拼接了文本的順序，並大面積縮寫，比較而言《金薯傳習錄》更加可信。在時間、主角問題上孰是孰非？我們傾向於《金薯傳習錄》，其事件過渡更加自然、合理。

從菲律賓到漳州

明萬曆《惠安縣續志》說：“番薯，是種出自外國。前此五六年間，不知何人從海外帶來。初種在漳，今侵泉、興諸郡，且遍閩矣。”該書由黃士紳修於萬曆三十九年（1611），萬曆四十年刻，“前此五六年間”，也就是萬曆三十三年、三十四年，此時距離萬曆二十一年陳振龍引入、萬曆二十二年金學曾推廣已經過去了十餘年，很有可能並非獨立引入而是藉由金學曾推廣。“初種在漳”也並不能說明就是從海外引入到漳州，漳州地處閩東南，很可能並不清楚閩東北福州發生之事，或漳州確係閩南一帶最先從福州引種番薯，方有“初種在漳”之話語。

結合《朱蕷疏》原文，番薯由陳振龍從洋船通商必經之地——漳州、潮州之交的南澳島引入番薯，既然可以帶入泉州，傳入毗鄰之漳州也在情理之中。從明萬曆《漳州府志》的記載來看，“漳人初得此種，慮人之多種之也。詒曰：食之多病。近年以來，其種遂勝”，番薯在漳州的普及速度也遠不及福州，不似福建最早。

持番薯最早登陸漳州觀點的文獻，最典型的當屬周亮工撰《閩小記》：“萬曆中，閩人得之外國……初種於漳郡，漸及泉州，漸及莆，近則長樂福清皆種之。”其實，仔細比勘便可發現，關於番薯的記載，周亮工完全抄襲、加工自何喬遠撰《閩書》，但何喬遠只表“萬曆中，閩人得之外國”，並無“初種於漳郡”諸語，“初種於漳郡”完全是周亮工想象建構的，這種謬誤又被後世文獻繼承。

最有趣的是，民國時期已經具體到特定人物張萬紀頭上了，《東山縣志（民國稿本）》：“本邑之有番薯，始於明萬曆初年。據張人龍《番薯賦》其序云：……薯之入閩，蓋金公始也，五都之薯，自萬曆初，銅山寨把總張萬紀出汛南澳，得於洋船間。”這與“蓋金公始也”明顯自相矛盾，但漳州之薯在南澳島來自陳振龍不是沒可能。我們目及 2005 年修《樟塘村張氏志譜》又將此事寫進家譜，可見地方文獻創作的微觀過程，後來《閩南日報》等媒體乾脆稱東山島是番薯首次傳入中國之地、張萬紀是番薯傳入第一人了。

從蘇祿國到泉州晉江

李天錫（1998）根據發現的民國三年（1914）修《朱里曾氏房譜》，認為明洪武二十年（1387）番薯已從菲律賓引入晉江蘇厝。之所以無人附和，是因為這與常識相悖，美洲作物不能在哥倫布發現新大陸之前就流佈舊大陸，持此觀點之人與鄭和發現美洲諸說一般無二，弔詭的是學術研究發展到今天，反而有人天馬行空，這與翻案史學一樣，是值得我們警惕的。

除了時間上的硬傷之外，孤立地看《朱里曾氏房譜》其他“史實”，確實很難辨。這也是不宜輕易相信類似家譜這種地方文獻的原因。根據田野經驗，家譜一類多誇大功績、隱蔽過失，新譜較老譜可信度更低。因此，通過區區民國家譜的孤證，當然無法回溯明代之情形。一定要結合其他史料，史料互證，這裏所謂的其他史料也需要是直接記載，而非間接描述，如陳振龍一線之記載這般方可。

從印度、緬甸到雲南

美洲作物通過“滇緬大道”自西南邊疆傳入中國確實是一條可行路線，西南土司藉此朝貢甚至可以直接將之輸送到中原地區，這也是何炳棣最早提出番薯首入雲南的根據，後人多有附和，特別是雲南學者。但是與東南海路的普遍性不同，只有部分美洲作物如玉米、南瓜等是通過該條路線傳入。舊說認為明嘉靖《大理府志》、萬曆《雲南通志》所載臨安等四府種植的“紅薯”即為番薯，此說後經楊寶霖（1982）、曹樹基（1988）批駁，“紅薯”多指番薯不假，但在入清之前基本都是薯蕷，蘇軾都曾有“紅薯與紫芋，遠插牆四周”之詩句。經韓茂莉（2012）綜合分析之後，該路線的不存在已經蓋棺定論了。總之，一個明顯的結論呼之欲出 —— 雲南番薯是隨著西南移民潮而來的，其源頭也是東南海路。

從越南到東莞

清宣統《東莞縣志》引《鳳崗陳氏族譜》：

> 萬曆庚辰，客有泛舟之安南者，陳益偕往，比至，酋長延禮賓館。每宴會，輒饗土產曰薯，味甚甘，益覬其種，賄於酋奴，獲之，未幾伺間遁歸。以薯非等閒物，栽種花塢，久蕃滋，掘啖美，念來自酋，因名番薯云。

我們並未目睹《鳳崗陳氏族譜》原文，但楊寶霖目及族譜原本，肯定為清同治八年（1869）刻本，《鳳崗陳氏族譜》記載更加曲折：“酋以夾物出境，麾兵逐捕，會風急帆揚，追莫及，壬午夏，乃抵家焉。”因此，楊寶霖等堅信陳益為番薯傳入第一人，觀點一直較有影響力。

即使《鳳崗陳氏族譜》真為清同治八年刻本（族譜這種地方文獻的成書年代比其他文獻更易作假），其對明萬曆十年（1582）近三百年前發生之事的記載情節性如此之強，本身就頗有問題，故事的前續緣起、後世發展歷歷在目，可信度不高；再者，即使是明末清初之文獻，一般敘述番薯傳入時間也多是模糊處理，族譜具體到庚辰、壬午夏，疑點頗多。

此外，如同上文我們認為“菲律賓禁止外傳薯種”是無稽之談一樣，越南的禁止輸出是一個道理。更何況，越南與雲南毗鄰，如果越南已經規模栽培，雲南當早已引種成功，所以我們證偽番薯西南傳入說，恰好可以證明越南當時很可能是沒有番薯栽培的。

從越南到電白

清道光《電白縣志》最早記載此事：

> 相傳，番薯出交趾，國人嚴禁，以種入中國者罪死。吳川人林懷蘭善醫，薄遊交州，醫其關將有效，因薦醫國王之女，病亦良已。一日賜食熟番薯，林求食生者，懷半截而出，亟辭歸中國。過關為關將所詰，林以實對，且求私縱焉。關將曰：今日之事，我食君祿，縱之不忠，然感先生德，背之不義。遂赴水死。林乃歸，種遍於粵。今廟祀之，旁以關將配。其真偽固不可辨。

林懷蘭之事雖未引自家譜這種可信度低的文獻，但與它們一樣都出現過晚。但撰者尚比較公允，也知描述過於戲劇化，遂闡明“相傳”“其真偽固不可辨”，已經很明白了。

林懷蘭成了又一番薯傳入第一人。其實，無論是福建還是廣東，明末番薯就已經推廣頗佳，入清以來特別是乾隆之後，已經穩居兩地糧食作物之大宗，加之福建的金薯記憶與金公信仰的流傳，此時有心者妄圖建構所謂的引種功績是極有可能的，不過這類文獻都出現得比較晚，完全沒有明代的文獻佐證。誠如郭沫若所說："林懷蘭未詳為何時人。其經歷頗類小說，疑林實從福建得到薯種，矯為異說，以鼓舞種植之傳播耳。"

從文萊到台灣

清代以降中國台灣文獻中頻繁出現的"文來薯"，顧名思義，認為台灣番薯除了引自福建之外，也有自己直接的線路——文萊。最早來自文萊的官方記載當是康熙《諸羅縣志》："……又有文來薯，皮白肉黃而鬆，云種自文來國。"之後，該說法得到台灣諸多文獻的繼承。到了今天已經成為諸家傳說的又一路線，更有甚者據此上綱上線道："在大航海時代開始後，台灣既倚賴中國聯結至新成形的全球性網絡，但也有自己聯結的連接途徑。"

清代之前，從未聞"文來薯"之說法，台灣相對閉塞，筆者認為"種自文來"很可能是當地人的"想象力工作"，就如同台灣對於"金薯"的想象一樣，"金薯"一詞能夠傳播至台灣，也從一個側面反映福建移民攜種而來。《台海采風圖》云："有金姓者，自文來攜回種之，故亦名金薯，閩粵沿海田園栽植甚廣。"金學曾倒成了從文萊帶回番薯的主角了。

所以所謂的文萊傳說可信度是比較低的。越是後世文獻，對相同事件添油加醋、橫生枝節的情況就越明顯，今天的學者卻不加懷疑地採納，讓人費解。

從日本到舟山普陀

由於日本學者研究認為日本番薯源於琉球（1615），琉球又源於中國（1605）；郭松義認為浙江番薯引自日本或南洋去日本的商船，其實都比較牽強。其主要依據明萬曆《普陀山志》確有“番芇，種來自日本，味甚甘美”的記載，但是“番芇”一詞再未見於其他文獻，到底是不是番薯還是兩說。郭松義認為李日華所著《紫桃軒又綴》也是記載番薯的早期文獻，恰好證明了普陀先有番薯：“蜀僧無邊者，贈余一種如蘿蔔，而色紫，煮食味甚甘，云此普陀岩下番蔔也。世間奇藥，山僧野老得嘗之，塵埃中何得與耶！”

實際上，“番蔔”不一定是番薯，根據李日華的描寫“番蔔”也不似番薯。如果浙江確係獨立引種番薯，對於浙江一直沒有推廣番薯，郭松義給出的解釋是“山僧吝不傳種”，這也是解釋不通的。此路線存疑，但是相對陳振龍路線之外的其他所有路線，已經有一定可行性了。

總之，番薯與其他美洲作物相比並不特殊，確鑿的路線通常就是一兩個而已。當然，或許還有文獻並未記載、我們並不知悉的路線，可能番薯九條路線中的幾條是存在的。但是在沒有充足的證據之前，我們並不能將數條路線均作肯定之話語，這是極不嚴謹的。要之，我們應該下這樣的客觀結論：陳振龍於明萬曆二十一年（1593）將番薯從菲律賓帶回福建長樂，其他路徑均是存疑或證偽，相對而言萬曆年間番薯從東南亞傳入浙江舟山普陀山的可能性稍高一些。

為什麼歐洲人選擇了土豆放棄了番薯？

2019 年中國番薯產量約為 5.2×10^7 噸；馬拉維居於世界第二，產量約為 6×10^6 噸，僅為中國的十分之一；其次為尼日利亞（4.1×10^6 噸）、坦桑尼亞（4×10^6 噸）、烏幹達（2×10^6 噸）、印度尼西亞（2×10^6 噸）等，可見中國居於絕對優勢。作為番薯的主產國，雖然中國地大物博、人口充盈，使得中國很多作物產量、種植面積都居於世界第一，但是如番薯一般差距懸殊的還是非常少見。據中國海關數據，2020 年中國冷或凍番薯出口數量為 2004.6 萬噸，是最大的番薯出口國，這還是同比下降 19.6% 的結果。一句話，番薯在世界的影響遠遜色於在中國的影響。

土豆則不然，眾所周知，土豆是世界級別的大主糧。土豆生產大國按照產量排序依次為中國、印度、俄羅斯、烏克蘭、美國，現在中國的土豆年種植總量已經超過了 1 億噸，剩下 4 個國家的年產量也超過了 2000 萬噸。歐洲尤其西歐、北歐國家，土豆在口糧中所佔比例甚高。中國也在 2015 年提出“馬鈴薯主糧化戰略”。

目前國內番薯生產大省主要有河南、四川、山東、湖南、湖北、安徽等。其中山東、河南和河北是番薯的前三大產區，這三大產區的市場份額佔了全國的一半以上，廣東地區番薯產業排名第四，之後依次為陝西、安徽和遼寧。這是今天的情況，若論歷史時期的番薯種植，多數時間中國南方為番薯主產區。明清民國時期，南方為中國乃至世界番薯主產區，其中蘊含的邏輯其實與歐洲沒有重視番薯的原因一般無二，或者說，為什麼中國沒有推行“番薯主糧化戰略”？

土豆、番薯大概在同一世紀傳入歐洲，然而土豆開花結果，番薯卻遠走他鄉。這種空間差異有著比較複雜的幾大制約因素，其中最主要的是環境條件和飲食習慣。

環境條件制約番薯的發展

番薯作為典型的熱帶、亞熱帶作物，喜溫暖濕潤、怕冷、耐旱，適宜的生長溫度為 22—30℃，溫度低於 15℃時停止生長。不同生長期對溫度要求也有不同，芽期溫度宜在 18—22℃，溫度過高過低都會影響出芽率。苗期溫度宜在 22—25℃，莖葉期宜在 22—30℃。莖葉期溫度不宜低於 16℃，否則會阻礙其生長，甚至造成停長；若是低於 8℃，則會造成植株經霜枯萎死亡。根塊期溫度宜在 22—25℃，適宜的溫度可以促進植株各生長期長勢良好，確保根塊數量及膨大。植株生長過程中對光能要求高，屬不耐陰的作物，從莖葉期開始光能時間越長，生長期就越長，光合效率就越高，反之則會降低光合效率，影響植株生長，所以每天日照時間宜在 8—10 小時。中國多數區域可以滿足這個條件。

而我們知道歐洲多數地區平均氣溫低、日照時間短，並不適合番薯生長，歷史也選擇了耐寒的土豆而不是番薯。有德國歷史學家曾說“18世紀最為關鍵的革新就是土豆種植與體外射精的避孕方式”，這兩種措施均是針對人口而言的。自此之後，土豆變成了歐洲人一日三餐不可缺少的食物。在土豆種植國，饑荒也消失了，一條長達 3218 千米的土豆種植帶從西邊的愛爾蘭一直延伸到東邊的烏拉爾山。在歐洲國家中，對於土豆依賴程度最高的非愛爾蘭莫屬了，這個國家 40% 以上的人在日常

番薯是一種高產而適應性強的糧食作物，與工農業生產和人民生活關係密切。塊根除作主糧、零食外，也是食品加工、酒精製造工業等的重要原料。根、莖、葉又是優良的飼料，總之，番薯具有多元功能和價值。

生活中除了土豆之外，沒有其他固定的食物來源。土豆適應了愛爾蘭的環境，養活了大量的人口，但是在後來也釀成了巨大災難，這就是駭人聽聞的“愛爾蘭大饑荒”。經過愛爾蘭大饑荒，恐怕無人不知土豆的重大影響，後世學者如麥克尼爾（William H. McNeill）、克羅斯比等無不對以土豆為首的美洲作物的巨大影響詳加闡述。土豆適應了歐洲的自然環境，在歐洲絕大多數地區均可以種植，可以認為能量巨大。愛爾蘭人口從 1754 年的 320 萬增長到 1845 年的 820 萬，不計移往他鄉的 175 萬，土豆功不可沒。

當然，南歐的水熱條件是適合栽培番薯的，所以我們看到土豆的早期英文名為“Irish potato”，與番薯的“Spanish potato”形成對比，但是西班牙等南歐地區可以種植價值更高、認可度更好的小麥、橄欖、柑橘、葡萄等，隨著時間的推移，“Spanish potato”僅剩下了番薯最初傳入這樣的歷史記憶。

飲食習慣很難接納番薯

歐洲人在古埃及時期就形成了以小麥為主的飲食傳統，塊根類作物在歐洲沒有市場。中國則自古以來有食用塊根類作物的傳統，不少地區甚至視其為主糧，所以中國對於外來番薯的接納是自然過渡，甚至很多人認為番薯是中國原產，這便是思想根源。

如果說自然因素是番薯不利於農業生產（穩產、高產）、不利於契合農業體制的原因，社會因素則是說番薯不容易被做成菜餚和被飲食體系接納、不能引起文化上的共鳴。歐洲地區緯度較高，氣候寒冷，適合多汁牧草的生長，急需高熱量的奶製品和肉類食品抵禦嚴寒，牛奶加麵包自然是最佳選擇。

土豆的確是一個特例。與番薯比較，一是土豆熱量比番薯稍高，產量也更高，澱粉含量高能夠給人提供身體必需的熱量，高產易生的土豆適合作為窮人的食物，事實上土豆確實被當作窮人的標配，被看作貧窮的象徵；二是土豆可塑性較強，土豆本身味道不錯，五味均可，並且可以與其他食物較好地配合，土豆的做法更是多之又多——薯條、土豆泥等，其食用價值高於番薯，土豆深加工方式也更加多樣，國際市場需求量較大。

此外，土豆的推廣也得益於一批君主和科學家的強力普及。1744年，普魯士發生大饑荒，腓特烈大帝命令農民種植並食用土豆。在歐洲人接受土豆的過程中，一個名叫安托萬·奧古斯丁·帕門蒂爾（Antoine-Agustin Parmentier）的法國人發揮了重要作用。1774年，法國國王路易十六解除了對糧食價格的控制，這就使得麵包的價格迅速躥升，爆發了"麵粉戰爭"，80多個市鎮的軍民因無力購買麵包而發生了大騷亂，這對於力主推廣土豆的帕門蒂爾是千載難逢的機會。他不失時機地大勢宣傳土豆對於結束麵粉戰爭的好處，並勸說國王佩戴土豆花，向上流社會推薦食用全土豆餐，並且有意識地在巴黎郊外種下40英畝（約0.16平方千米）的土豆，讓處於飢餓中的平民偷食。在帕門蒂爾的精心策劃推動下，土豆終於被人們接受。此外，還有一些其他的輿論助力，早在1664年，約翰·福斯特（John Forster）認為種植土豆可以應對高昂的物價；18世紀，亞當·斯密（Adam Smith）更鮮明地指出如果土豆"像某些產米國的稻米一樣，成為民眾普遍而喜愛的植物性食物，那麼同樣面積的耕地可以維持更多數量的人口"。

歐洲沒有實施"番薯主糧化戰略"除了以上原因之外，還有一些重要的原因。首先，番薯澱粉含量高，蛋白質含量低（番薯乾物質僅為

4.7%），難以滿足人體的需求；稻米乾物質為 7.7%（稻米含水量僅為 12%—14%），高下立判。其次，番薯含糖量高，導致產生頗多胃酸，使人感到“燒心”，胃的負擔過大，甚至會反酸水，剩餘的糖分在腸道裏發酵，也使得腸道不適；番薯吃得過多，其氧化酶會在腸道裏產生二氧化碳，會使人腹脹、放屁、打嗝。總之，番薯並無取代水稻的理由。再者，番薯並不耐儲藏，一般適合作為秋冬和冬春糧食儲備，來年夏季即腐爛；“然經風霜易爛，人多掘土窖藏之”，與稻米這種常用糧食儲備相比遜色很多。最後，番薯生長後要翻藤蔓，否則會枝蔓瘋長，產量下降，用人工方法翻轉藤條會浪費大量勞動力，增加成本，而土豆無需那麼多多餘的工作。總之，番薯缺失了諸多推廣要素，可以說番薯沒有在歐洲大放異彩是多種因素合力的結果。

棉花的傳播

一般而言，作物起源具有唯一性與獨特性，因此才有“世界八大作物起源中心”之說，但棉花是一個特例。棉花的地理分佈具有全球性，是一個典型的多起源中心作物。世界棉花有亞洲棉、非洲棉、陸地棉、海島棉四種，後兩種均為美洲作物——美棉。

由於棉花不產自中國，所以中國長期沒有“棉”字，棉花在中國早期被稱為“吉貝”“白疊”“梧桐木”等。在東漢《說文解字》、南朝《玉篇》等文獻記載中還只有“綿”，但此“綿”為“絲綿”之意，與棉花相去甚遠。《三國志》第一次出現的“木綿”即為棉花，用以區別“絲綿”，但注意是“綿”而非“棉”。南宋時期第一次出現了“棉”，但使用不廣。在元明時期“棉”與“綿”混用，直到清代才徹底稱為“棉”，《康熙字典》對其進行了規範整理。

目前中國最早記載棉花的文獻是《尚書・禹貢》，在記述九州之一的揚州物產時說“淮海惟揚州……島夷卉服，厥篚織貝”，織貝即棉布，反映了古代南方少數民族對紡織業的貢獻。入漢以後，相關記載更多，《後漢書・南蠻傳》《後漢書・西南夷傳》《梁書・西北諸戎傳》等均記載了棉花。雖然說在戰國時期棉花可能已經被南部邊疆、西部邊疆培育出來，但是始終偏居一隅，沒有對中原、對古代人民的衣著原料產生實質的影響。宋代以前，絲綢、大麻、葛才是主流，根本沒有棉花的一席之地。根據棉花後世的發展情況來看，我們當然不能說棉花不好，那麼它為什麼長期沒有進軍中原呢？這其中既有中國原產衣著原料的使用慣性問題，又與棉紡織業缺乏技術革新、市場需求有關。

當然，在漫長的歷史時期中我們引種、傳播的棉花多是亞洲棉（間有從新疆傳入的非洲棉），不僅因為亞洲棉起源於印度河下游的河谷地帶，印度栽培利用較早，具有傳入中國的地緣優勢，也是因為亞洲棉具有產量高、抗逆性好、適合手工紡紗等優勢。

誠如司馬遷說“楚越之地，地廣人稀”，雖然棉花在南方地區長期扎根，但少有棉花種植、加工、售賣的需求，一旦經濟重心南移，棉花必然進入國人的視野。南宋末期，棉花已經在長江中下游地區廣泛種植。入元以後棉花地位進一步提高，《元史》說“置浙東、江東、江西、湖廣、福建木棉提舉司，責民歲輸木綿十萬匹”，並且元朝的夏稅收“木棉、布、絹、綿等”，可見棉花的經濟地位已經相當高了；元朝官刻農書《農桑輯要》中有關於“新添栽木棉法”的記載，各項工序十分完善，此時的棉花已經為一年生，有的土地年年種植棉花，成為了“老花地”。

隨著亞洲棉從海南島傳到長江中下游地區，棉紡織技術也從南往北傳播，在這個過程中，黃道婆起到了關鍵性作用。黃道婆，宋末元初著名的棉紡織家、技術改革家。相傳，黃道婆家住松江府烏泥涇（今屬上海市），她從小生活特別淒苦，後來流落至海南島。在海南島黃道婆

棉花是第一個真正意義上的全球商品。

一住就是 40 餘年，在此期間，她向當地黎族婦女學習了棉紡織技術。元朝元貞年間，黃道婆返回故鄉，也把精湛的紡織技術帶了回來，並進行創新。先進的紡織技術逐漸傳至松江全府，繼而傳遍整個江南。黃道婆去世後，松江一帶已成為全國的棉織業中心，歷經元、明、清三代 600 多年而不衰，其產品遠銷全國各地，有“衣被天下”之美譽。“黃婆婆，黃婆婆，教我紗，教我布，二隻筒子二匹布。”這首民謠至今還在江南地區流傳呢。

《大明會典》中規定：“農民凡有田五畝至十畝者，栽桑、麻、木綿各半畝，十畝以上者倍之，田多者以是為差。”可見種植棉花已經上升到國家戰略，此時棉花已經成為國人主要的衣著原料了。明人丘濬在《大學衍義補》中說：“至我朝，其種乃遍佈於天下，地無南北皆宜之，人無貧賤皆賴之，其利視絲枲蓋百倍焉。”根據明洪武年間的糧棉比價“棉布一匹，準米一石，棉花一斤，折米二斗”，可見棉花作為經濟作物，已經開始廣泛與糧食、蠶桑爭地了，江南高阜地帶也形成了棉花主產區，小型棉紡織作坊分佈眾多，並導致江南“蘇湖熟，天下足”的糧倉地位一去不復返。也是在此時，江南地區真正形成了“男耕女織”的格局。

江南地區一向地狹人稠，按理說無法養活如此多的人口。但正是因為江南的紡織業發達，集約經營的“拐杖邏輯”促進了生產發展，將人口固定到了土地上，農民既要種植糧食，也要培育棉花或蠶桑。

除了前文提到的《農桑輯要》，在《王禎農書》《農政全書》《二如亭群芳譜》《授時通考》這樣的大型且綜合性農書中均重點介紹了棉花的栽培方法，還誕生了《種棉說》《植棉纂要》這樣的棉花專書。更有清康熙帝親製《木棉賦》、乾隆帝親題《御題棉花圖》，從而顯示了棉花

的非凡地位。值得一提的是，當近代西方技術進入中國後，棉花農書也有了與時俱進的革新，如《通屬種棉章程》等新式農書的編纂。

棉花在近代史上也留下了濃墨重彩的一筆。亞洲棉既是英國工業革命的起點，亦是工業革命的中堅，更是英國開拓海外市場的主要標誌物，英國將印度變成了自己的棉花供應地和棉紡織品傾銷地，進一步遠銷中國，從中國攫取大量白銀。然而英國並不滿足於這些，當美洲大陸被發現後，英國迅速在廣袤的美洲大陸上開闢自己的棉花供應地，重塑全球棉花市場。而美國獨立後之所以能夠迅速發展，南方的棉花種植園經濟功不可沒。

美棉對亞洲棉造成了切實的衝擊，不僅僅是多了一個大洲作為棉花原料供應地的問題。美棉尤其是陸地棉產量更高、纖維更長，非常適合機器大工業的發展，迎合了當時的世界第一工業 —— 棉紡織業的發展，陸地棉自 1865 年引入我國，經過數次改良與更新換代，逐漸取代亞洲棉。以今天的中國為例，境內種植 99% 的棉花都是陸地棉，帶來了比亞洲棉更大的經濟效益。其中新疆棉區不僅是我國最主要的產棉區，也是世界上頂級優質的產棉區。

美洲作物的中國故事

1492 年哥倫布橫渡大西洋抵達美洲，發現了新大陸，從此新大陸與舊大陸建立了經常的、牢固的、密切的聯繫。於是，美洲獨有的農作物接連被歐洲探險者發現，並通過哥倫布及以後的商船陸續被引種到歐洲，繼而傳遍舊大陸。隨著新舊大陸之間的頻繁交流，美洲作物逐漸傳播到世界各地，極大地改變了世界作物栽培的地域分佈，豐富了全世界人們的物質、精神生活。

美洲作物的傳入對我國的農業生產和人民生活產生了深遠的影響：增加了農作物（尤其是糧食作物）的種類和產量，緩解了我國的人地矛盾、食物供給緊張問題；推動了商品經濟的發展，使人民獲得了更多的經濟利益；拓展了土地利用的空間與時間，促進了資源優化配置，提高了農業集約化水平；為我國植物油生產提供了重要的原料等。蘇聯植物學家、遺傳學家瓦維洛夫曾說："很難想象如果沒有像向日葵、玉米、土豆、煙草、陸地棉等這些不久前引自美洲的作物，我們的生活會是怎樣。"

"哥倫布大交換"

1492 年哥倫布發現新大陸，堪稱劃時代的事件，有人將此稱為"全球化 1.0 時代”。美洲第一次與世界融為一體。20 世紀之後才出現的“四大文明古國”之說沒有涉及美洲，這其中有複雜的時空限制因素，實際上美洲也創造了燦爛輝煌的文明。

一般認為，地理大發現最重要的影響莫過於殖民主義的出現、工業資本主義的發展等，但越來越多的學者認為“哥倫布大交換”才是其最重要的影響，改變了整個世界的面貌。“哥倫布大交換”由美國環境史家克羅斯比提出，是迄今為止環境史學界所提出的最有影響力的創見，從生態的角度對舊大陸征服新大陸這一重大歷史轉折作出全新解釋，被廣泛寫入國內外世界史教材。

簡而言之，“哥倫布大交換”是指以 1492 年為始，在之後的幾個世紀裏，舊大陸與新大陸間發生的動物、植物、微生物及經濟、文化等方面的廣泛交流。“哥倫布大交換”是雙向的，比如此前美洲沒有大牲畜“六畜”之四（馬、牛、羊、豬），也沒有我們傳統糧食作物“五穀”（稻或麻、黍、稷、麥、菽），美洲人主要靠“三姐妹”作物（The Three Sisters）——玉米、菜豆、南瓜維持生計，三者互利共生，頗似於傳統中國的間作套種。

“哥倫布大交換”中的植物，即美洲作物有 30 餘種，除了大家耳熟能詳的糧食作物如玉米、番薯、土豆之外，還有典型蔬菜作物（包括菜糧兼用作物）如南瓜、菜豆、萊豆、筍瓜、西葫蘆、木薯、辣椒、西紅柿、佛手瓜、蕉芋等，油料作物如花生、向

清乾隆帝親自三令五申勸種的功勳作物——番薯。

日葵等，嗜好作物如煙草、可可等，工業原料作物如陸地棉等，藥用作物如西洋參等，果類作物如番荔枝、番石榴、番木瓜、菠蘿、油梨、腰果、蛋黃果、人心果等。

從美洲到中國

美洲作物很快遍及中國，中國人從口到腹都成了早期全球化的最大受益者。各種美洲糧食、蔬果作物和經濟作物紛至沓來，引發了整個農業結構的變遷和經濟形態的轉型。可以說，今天我們餐桌上一半常用食物都是美洲來的，沒有美洲作物參與的日常生活是不可想象的。

那美洲作物是怎麼來中國的？哥倫布發現新大陸之後掀起了歐洲向美洲殖民、探險、傳播宗教的高潮——早在 1494 年，哥倫布就請先返回的人捎給紅衣主教阿·斯弗爾札（Ascanio M. Sforza）一包搜集到的各種美洲作物種子。據統計，從 1492 年至 1515 年，至少有好幾十支探險隊，好幾百艘歐洲船湧向加勒比海，絕大多數美洲作物就以這樣的形式傳入歐洲。伴隨著黑三角貿易，新大陸作物又多次走入舊世界的視野。

16 世紀，歐洲人開始在東南亞建立殖民地，一些美洲和歐洲的農作物開始傳入東南亞，並進一步被引種到東亞、南亞。這時，正是我國的明清時期。大量美洲作物的傳入，構成了明清時期中外交流的一個重要特點。這其中以葡萄牙為首，葡萄牙人於 1498 年到達印度，1511 年征服了馬六甲，打開了東方殖民侵略的道路，之後歐洲各國紛至沓來。

美洲作物傳入時間有先後，途徑不一，但在不長的時間內獲得了相當快的發展，在今天的作物構成中仍有不少佔據舉足輕重的地位。究其原因，與明清時期人地矛盾加劇及市場經濟的發展有著密切的關係。

美洲糧食作物

幾乎每種美洲作物的傳入，都經由中國東南沿海一線。但是部分作物的引入又不限於東南海路，比如玉米又有西南陸路、西北陸路，尤其西北陸路中關於玉米的記載始見於明嘉靖年間甘肅《平涼府志》，這是中國玉米最早的文獻記載。

此外，糧食作物傳入的主體並非都是外國人，海外僑胞在其中亦扮演了非常重要的角色。現在有人將美洲作物的傳入全部歸功於外國人，這是不可取的，因為造訪的外國人在數量上畢竟不佔優勢，人數眾多而不易察覺的傳播者，是來往於祖國和東南亞的華僑。比如福建長樂華僑陳振龍被譽為"番薯傳入第一人"，郭沫若專門有詩歌頌之——就是陳振龍在菲律賓從事貿易期間將薯種及種法偷偷帶回長樂。當然還有陳益從越南將番薯帶入廣東東莞、林懷蘭從越南帶入廣東電白，這些事情都發生在明萬曆年間，所以他們家鄉後人都說本地的傳入者才是"中國番薯傳入第一人"，但相對來說陳振龍影響最大。

土豆傳入中國相對更晚一些，據學界最新研究，清光緒《渾源州續志》記載，至遲在乾隆四十七年（1782），土豆自陝南引種至山西渾源州，而不是之前代代相傳的明代《長安客話》、清康熙《松溪縣志》等資料的說法，他們所謂的"土豆"實際上是土圞兒或黃獨（*Dioscorea bulbifera* L.），所以關於土豆的歷史，還需要重新追溯。

玉米、番薯、土豆，號稱美洲三大糧食作物，其重要意義已有千萬人為之背書，雖然它們在傳統農區優勢不甚明顯，但是在山區堪稱"高產"，抗逆性強，也充分利用了一些邊際土地，確實提升了糧食產量。但是個人不贊同把美洲糧食作物地位拔得太高，經常見到一些觀點，認為玉米、番薯造就了康乾盛世，美洲作物造成了清代的人口爆炸等，計量史學者甚至把美洲作物對清代人口的貢獻度精確到 30%。我把這類觀點稱之為“美洲作物決定論”。實際上，美洲作物的推廣不是刺激人口增長的主要因素，而是積極應對人口壓力的措施。19 世紀中期是中國帝制社會的人口峰值，達 4.3 億人。根據個人研究，此時玉米、番薯能夠養活 2473 萬—2798 萬人，玉米佔播種面積的 2.75%、番薯佔 0.67%。至少太平天國時期（人口峰值）之前的人口增長並非源自美洲作物——美洲作物不是刺激人口增長的主要因素。就全國而言，美洲作物發揮更大功用的時間是在近代以來並非人口激增的階段。

玉米的廣泛種植與清代移民墾山相輔相成。

那麼土豆呢？其地位就更低了，僅僅是眾多雜糧之一。一是土豆本身傳入就較晚；二是土豆不適合在高溫環境下生長，而中國人口密集的地區多在雨熱同季的暖濕環境；三是土豆的“退化現象”“晚疫病”等問題在傳統社會難以解決，這是限制其發展的最大原因。

美洲蔬菜作物

美洲蔬菜的傳入，對中國飲食文化也產生了重大影響，其中最典型的案例就是川菜。正因為美洲蔬菜的傳入，清末民初形成了川菜菜系。

對川菜貢獻最大的兩大美洲作物是辣椒、番茄。

花椒、薑、蔥、芥末、茱萸是中國本土的辛辣用料。食茱萸是中國古代最常見的辛辣料。辣椒於明萬曆年間傳入浙江（高濂《遵生八箋》），最初為觀賞植物，但人們很快發現辣椒可以替代胡椒等調味品。不過因為東南沿海的飲食習慣並不嗜辣，所以辣椒並沒有被重視。但是"東南不亮西南亮"，因西南地區地理環境的關係，當地部分人迷信食辣可以"祛濕"，部分人以辣椒代替稀缺的井鹽，人們由此開始大量食用辣椒。

番茄雖然在明萬曆年間始有記載（王象晉《二如亭群芳譜》），但是一直是作為觀賞植物。民國時期，番茄的栽培範圍不斷擴大，但主要集中在大城市（如京滬一帶）郊區，且栽培不多。中華人民共和國成立後，番茄才迎來了栽培和食用的全盛時代，所以我們今天常吃的西紅柿炒雞蛋，是 1949 年之後才風靡全國的。重要的蔬菜作物還有四季豆、南瓜等，最終使中國在清朝時期形成了"瓜、茄、菜、豆"的蔬菜作物格局。

美洲油料作物

前面已經提到，美洲作物進入中國有不同的路線。其實，即使是同一地區，不少作物在歷史上也經過了多次的引種才扎根落腳，其間由於多種原因造成栽培中斷——典型的就是花生。據推測，花生在明萬曆末年傳入東南沿海（方以智《物理小識》），此後向北推廣，推廣速度極其緩慢，19 世紀以後才到達北方。這主要便是由於此時的花生品種是龍生型的小花生，產量低，木榨榨油效率低，因此需求量很低。

西漢之前，中國雖然亦有食用植物油的歷史，但荏子、大麻榨油所佔比例很少，還是以動物油為主。直至西漢中期芝麻傳入後，迅速在南北方傳播開來，成為主流油料作物。再到元代，南方越冬型油菜馴化，逐漸取代了芝麻在南方的地位，形成“北方芝麻，南方油菜”分庭抗禮的局面。

1862 年，美國長老會傳教士梅里士從上海往登州傳教，給山東帶來了美國大花生。這種弗吉尼亞大花生產量高，品質優於小花生，直立叢生的生長方式適合規模栽培，但是能在以山東為代表的北方地區推廣，其中還有深深的利益驅動。19 世紀至 20 世紀初西方榨油機傳入，迎合了花生榨油的需求，獲利甚高，各地爭相效仿，打破了南北方油菜、芝麻的壟斷。

民國時期食用西紅柿儼然成了一種“洋氣”的標誌。

同為油料作物的向日葵在我國的推廣就沒那麼順利了，雖然早在明嘉靖（浙江）《臨山衛志》中已見“向日葵”，但清代中期它依然僅僅是觀賞花卉，在近代才出現了以葵花子作為零食的記載。不過直至中華人民共和國成立之前，當時社會上流行的瓜子依然是黑白二瓜子（西瓜子與南瓜子），葵花子油大抵也是 1949 年之後大盛，因對向日葵的利用發生劇變，使之完成了對“葵”的替代。

美洲經濟作物

最後，講述穿、用的經濟作物——棉花、煙草。

宋代以前國人衣著以葛、麻、絲為主：絲為富人衣冠，而葛、麻則為平民衣料。棉，中國並不是沒有，但原產我國的多年生木棉影響很小。亞洲棉原產印度河流域，5000 年前已在南亞次大陸廣泛種植。亞洲棉雖然早在漢代已傳入中國，但只有新疆、廣東、雲南等地零星種植。但到宋代，亞洲棉在長江和黃河流域迅速推廣，13 世紀已取代大麻成為我國衣被主要原料。元朝初年，朝廷把棉布作為夏稅（布、絹、絲、棉）之首。因黃道婆的貢獻，松江府甚至成為全國棉紡織業的中心，"松江布"亦獲得"衣被天下"的美譽。

近代以來，我們有一個口號"棉鐵救國"——當時中國乃至世界的第一工業便是棉紡織業，因此眾多紳士以此為切入點投身實業。19 世紀末，美洲陸地棉被引進中國。陸地棉又名美棉，傳入後僅僅幾十年就對亞洲棉產生了巨大衝擊，成為中國近代紡織工業快速發展的重要推力。因亞洲棉的產量、纖維長度、細度都不及陸地棉，所以逐漸被陸地棉代替。但亞洲棉纖維粗、長度短、彈性好，適宜做起絨紗用棉、醫藥用藥棉、民用絮棉等。

煙草作為傳入中國的美洲作物之一，其傳播速度也是數一數二的。明萬曆年間首先進入福建漳州、泉州一帶，原名"淡巴菰"，實為"tobacco"的音譯。煙草傳入之初主要作為藥用，因吸食煙草具有興奮和攻毒袪寒的功效，後成為大眾嗜好品，並迅速發展，很快傳遍大江南北，可見經濟作物之天然優勢。但很快，明人便已認識到煙草有"三大害"：有害於人體、有害於農事（擠佔糧田）、有害於社會。清廷早在入關以前的 1632 年就頒佈了中國歷史上最早的禁煙令，然而因為暴利屢禁不止。

早期所種植的煙草為曬晾型，切成細絲，在煙鍋裏點燃，於是有了旱煙，這一煙草製法很快在中國流行。後人在細切絲的基礎上用紙包裹煙絲，就形成捲煙。美洲人吸煙，大都是將煙草捲起來，於是有了雪茄，這種習俗影響到歐洲諸國。曬晾型煙草種植相當分散，美國弗吉尼亞烤煙在 19 世紀末迅速發展，成為捲煙工業的主要原料，與花生一樣，新品種煙草的影響更大。因煙草傳播而誕生的獨特煙草文化與消費文化的變革——明清時期的商女們的煙槍象徵著風情，民國上海文人（特別是女人）指間夾著的捲煙代表著"現代性"與"進步性"。

美洲作物本土化反思

總體來說，明代處於美洲作物的局部引種時期，除個別省份的個別作物有所推廣外，基本處在萌芽階段，清中後期是美洲作物的狂飆式推廣時期，民國時期已經奠定了分佈基礎。

美洲作物為什麼傳播得這麼慢？不是明代中期（嘉靖、萬曆年間）美洲作物就已經做好傳入中國的準備，在東南亞蓄勢待發了嗎？決定新作物傳播的因素有很多，包括它們是否有助於農業生產和適合某種農業體制，是否易於做成菜餚和被飲食體系接納，以及能否引起文化上的共鳴。因美洲作物並不符合國人的飲食習慣，也不能很快融入當地的種植制度，所以新作物的明顯優勢最初都被忽視了。且不論它們在傳入初期具有"奇物"的色彩，玉米一度成為西門慶家的宴會上品，番薯"初時富者請客，食盒裝數片以為奇品"。單說傳統農區，玉米在很長時間內僅僅是"偶種一二，以娛孩稚"，而從清乾隆年間以後，玉米在山區才開始逐漸有市場。

因此，我個人有一個理論，就是"中國超穩定飲食結構"。由於口味、技術、文化等因素，國人對於新作物的適應是一個相當緩慢的過程。我們看到小麥在距今 3000 多年前就從西亞傳入中國，但是直到唐代中期才在北方確立主糧地位。玉米從 2012 年以來就是中國第一大作物（這其中有畜牧業發展的原因），但並不是中國第一大口糧。2015 年國家提出“馬鈴薯主糧化戰略”，但是前路漫漫。

相對來說，美洲經濟作物如煙草，步履在前。只有南瓜是美洲食用作物中的異類，堪稱美洲作物中的“急先鋒”。南瓜也是美洲作物中最早用於救荒的，之所以如此，是因為南瓜具有糧食作物的部分功能——耐儲藏和產量高，所以是典型的菜糧兼用作物。但是南瓜畢竟是替代糧食作物，不是真正的糧食，充其量也就和一些雜糧相頡頏。

美國東方學家勞費爾在《中國伊朗編》中曾高度稱讚中國人向來樂於接受外人所能提供的新事物：“採納許多有用的外國植物以為己用，並把它們併入自己完整的農業系統中去。”域外引種作物的本土化，是指引進的作物適應中國的生存環境，並且融入中國的社會、經濟、文化、科技體系之中，逐漸形成有別於原生地、具有中國特色的新品種的過程。我們把這一認識歸納為風土適應、技術改造、文化接納三個遞進的層次，或者稱之為推廣本土化、技術本土化、文化本土化。總之，域外作物傳入中國是一個適應和調試的過程，無論是栽培、加工、利用都有別於原生地。

美洲作物導致清代人口爆炸？

近年來有眾多言論過分誇大美洲作物的意義，我們姑且稱之為“美洲作物決定論”。“美洲作物決定論”是筆者自創的一個全新概念，這裏略作解釋。何炳棣之後關於美洲作物的討論漸多，沒有人否定美洲作物的重要性。不少學者發現它們之於人口增長的積極意義，不過多是模糊處理，選擇“含糊其辭”這樣比較嚴謹的敘述方式。近十年，有心人受到前賢的啟發，“變本加厲”地強調美洲作物對人口增長的巨大意義，已經成為一種常識般的金科玉律那樣深入人心。無論是學院派抑或民間學者，近年各種論著、網文只要涉及美洲作物，必然充斥著美洲作物導致清代“人口奇跡”“人口爆炸”的言論，如“玉米支撐了清代人口的增長”“18 世紀的食物革命”“康乾盛世就是番薯盛世”“番薯挽救了中國”等。有一次，筆者去打印店打印東西，老闆一看我是研究美洲作物的，就比較激動地說：“我知道，我知道，清代中國人口靠玉米啦、番薯啦一下子增加起來啦，要不我們今天人口哪有這麼多！”

筆者曾經參加過兩屆量化歷史研究研習班，數據史學的理論和方法，筆者大致是認同的。伴隨著量化歷史研究的“中國熱”，美洲糧食作物再次華麗進入學界的視野，“美洲作物決定論”閃亮登場。其中最有代表性的莫過於發表在《經濟增長雜誌》（*Journal of Economic Growth*）的由陳碩與龔啟聖合作的雄文，該文得出的結論也確實讓人耳目一新：引種玉米可以解釋 1776—1910 年間人口增長 18% 的情況。如果加上番薯、土豆，人口增長直逼 30%。

捫心自問，真的可以將美洲作物拔得如此之高嗎？此前已有侯楊方（《美洲作物造成了康乾盛世？——兼評陳志武〈量化歷史研究告訴我們什麼？〉》，《南方周末》2013 年 11 月 2 日）敏銳地駁斥了這一點，但並未產生廣泛影響。筆者認為並非由於其是學術隨筆的原因，而是文章缺乏實證，讓人難以信服，故此“美洲作物決定論”依然愈演愈烈。侯楊方在不同場合貶斥過美洲作物，筆者認為我們既不能過分肯定，也不能矯枉過正，要用事實說話，避免陷入歷史虛無主義的怪圈。

人口增長的原因？

中國人口數字與中國人口增加的根源

何炳棣經典著作《明初以降人口及其相關問題（1368—1953）》之所以毫不含糊地迴避定量分析（費正清語），而選擇制度分析，就是因為他認為構建中國人口數據庫是很有風險的。在 1953 年人口普查之前，除了明洪武年間的數字之外的任何數字都多少是有問題的，清乾隆四十一年到道光三十年（1741—1850）的比較有用而已。

原因何在？帝制社會的“口”“丁”向來是賦稅依據，它們“充其量只能說明數量大小的次序或滿足記載中的數字資料形式上的需要……統計數字所能反映的當代實況，與它們所反映的史官們所恪守的陳陳相因的書面記載不相上下”（費正清語）。所以，我們在方志中經常可以見人、丁沿襲不變，或在傳抄的過程中穩步以微小的增加值建構一個新數字的情況。

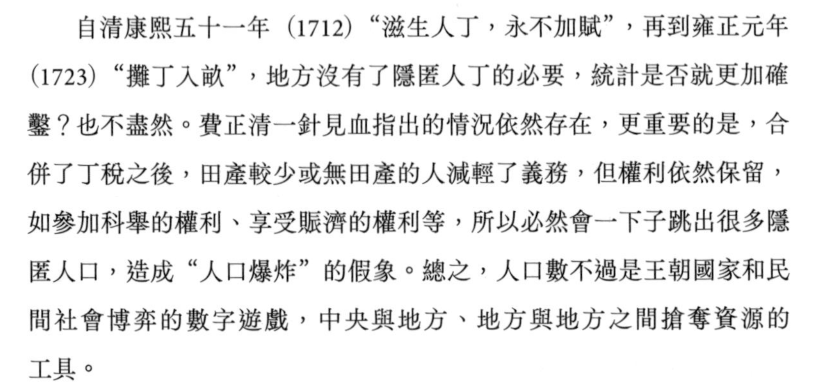

自清康熙五十一年（1712）“滋生人丁，永不加賦”，再到雍正元年（1723）“攤丁入畝”，地方沒有了隱匿人丁的必要，統計是否就更加確鑿？也不盡然。費正清一針見血指出的情況依然存在，更重要的是，合併了丁稅之後，田產較少或無田產的人減輕了義務，但權利依然保留，如參加科舉的權利、享受賑濟的權利等，所以必然會一下子跳出很多隱匿人口，造成“人口爆炸”的假象。總之，人口數不過是王朝國家和民間社會博弈的數字遊戲，中央與地方、地方與地方之間搶奪資源的工具。

根據曹樹基的“中國人口數據庫（1393—1953）”（未公開），以府為中心，以縣級數據為基礎，雖然依然不是完全可信，然而目前已無較之更為優秀的數據庫，可見下表。

1393－1953 年的中國人口

年份	1393	1630	1680	1776	1820	1851	1880	1910	1953
人口（千人）	74 652	222 047	184 993	311 645	383 287	437 323	364 339	436 360	591 722

資料來源：曹樹基，“中國人口數據庫（1393—1953）”。

1393—1630 年人口年平均增長率為 4.6‰，1680—1776 年人口年平均增長率為 5.5‰，1776—1910 年人口年平均增長率為 2.5‰（其中 1776—1851 年為 4.5‰）。從公元 2 年開始，漫長歷史時期的人口增長率不過 1‰，帝制社會末期能達到 4‰到 5‰本身就是一個奇跡，當然尚在可接受的範圍。但是清初在經歷了明清易代之後，民生凋敝，竟然能達到傳統社會的峰值 5.5‰，不但高於明代，也高於康乾盛世，這就很有問題了。清乾隆中期之前，美洲作物尚未發揮作用，如此高的人口增長率只能是丁稅取消之後，伴隨著人口統計方式的變更，大量隱匿人口浮出水面的結果。1776年之後正是美洲作物開始發揮作用的長時段，但是我們看見年均增長率並沒有想象的那麼高，所以“美洲作物決定論”就要打一個問號了。

那麼中國人口增加的根源為何？簡單兩個字——和平。社會的穩定性大大提高，於是朝廷放鬆了對戶籍的控制，可以自由流動的勞動力大量增加了，區域貿易壁壘限制降低，這些都加強了全國性的人口流動和商業活動，墾殖、販賣盛極一時，財富迅速積累，民眾生育願望增加，人口自然迅速增加。總之，正是清廷多次改革達到輕徭薄賦、加強倉儲等社會保障制度建設，以彰顯“德政”，藉著藏富於民，清政府可說助長了人口增長速度。

中國人口增長的內在邏輯

如果我們用“和平”一言以蔽之，雖然直指本源，但是未免難以讓人信服。中國人口增長自然是多種因素交織的結果，但是這些動因均可以被認為是和平的折射。當然，有的內在邏輯因素與人口增長互為因果。我們已經知道清代人口並非狂飆式增長，但是畢竟一直在增長，一再刷新了傳統社會的記錄，堪稱人口奇跡，因此其內在邏輯當然值得探討。

其一，人口的增長必然與死亡率下降相關，這是生活水平提高的標誌，天災人禍在和平年代的危害將大大降低，朝廷的危機處理能力和地方社會應對卓有成效，醫療水平也有所提升（溫病學派、人痘接種等）。但羅威廉認為也許中國人口增長的最重要因素是溺嬰率的降低，國內局勢平和、新土地的開發與謀生機會的增加，使人們有意減少殺害或拋棄新生兒的行為，更遑論中國本來就有多子多福的文化傳統，傳統社會也缺乏普及式的避孕措施。聯想到 1949 年之後計劃生育之前的人口爆炸，似乎不無道理。

其二，中國移民史也是一部中國墾殖史，開墾新農地的渴望促使國人東突西進，與山爭地、與水爭田，有清一代達到了中國歷史上的開發高峰。加之盛世朝廷推行的一系列“更名田”“招民開墾”及“免升科”政策，包括非傳統農區的耕地宜於逃避清丈等因素，這些都促使人們開發深度不足的山區，將邊疆迅速納入農耕區範圍，即使是山頭地角、河蕩湖邊這樣的畸零地也不曾放過。中國的耕地數量自西漢中期至明萬曆時期，在長達近 1600 年的時間裏只增加了 3 億多市畝，而在清代僅 200 多年時間裏，耕地總量增加了 6 億多市畝，超過以往 1 倍以上。新開發的土地接納了傳統農區的“浮口”。

其三，李伯重從全球史視野解釋明朝滅亡，指出這一方面是 17 世紀前半期全球氣候變化所導致的災難，另一方面也是早期經濟全球化導致的東亞政治軍事變化的結果。那麼是否也可以解釋清代的盛世面貌？康乾時期的氣候溫和穩定，人口應該穩步增長，我們與歐洲對比也是如此；如果說明末美洲白銀流入中國減少導致通貨緊縮的話，“1641—1670 年獲得的白銀下降到 2400 噸，不如 1601—1640 年的 6000 噸”，那麼入清之後“僅美洲白銀，18 世紀中國就獲得了 26 000 噸，是 17 世紀的兩倍”，這些白銀刺激了生產和消費的增長，從而支持了人口的增長。

其四，清朝和明朝強敵環繞的環境亦不一樣。清朝接收了明朝軍事改革的成果，然後迅速在對內戰爭（平定三藩之亂，收復台灣、少數民族、教門幫會等）和對外戰爭（“十全武功”之三、四）中取得勝利，最終建立了多民族的強大帝國，整合成了一種超越性、新形態的政治體，這一點自然與耕地的擴張息息相關。於是國人在丁稅取消後、人身依附關係鬆弛的前提下“闖關東”“走西口”。

其五，明清易代對地主的打擊和引發的“人口真空”，造成了地權分散，也提高了佃農的地位。清代租佃制度的發展，主要表現為分成租制轉向定額租制、押租制和永佃制的發展，土地所有權和經營權充分分離，農民擁有了田面權，靠土地流轉成為“二地主”，實現了資源的優化配置。無論是自耕農還是田面權商品化的佃農，在“有恆產”安全感心理下，就會樂意改良土地、努力生產。所以，減輕了地權分配不均的負面影響，有人認為“在土地面積沒有大幅增加的情況下，清代土地產出多養活了兩三億人口”。

被高估的美洲作物

美洲作物作為技術革新的表徵之一，既然技術革新不是人口增長的原因，那麼美洲作物也不應該引發人口增長，而應該是人口增長後對美洲作物的自發選擇。

“時間”上的不一致

筆者結合已有的眾多微觀研究（玉米：浙江、雲南、陝西、山西、廣西、甘肅、四川、山東、安徽、黑龍江、貴州、河南、陝西、湖北、湖南、秦巴山區、西南山區、土家族地區等；番薯：浙江、江西、廣西、四川、山東、福建、河南、河北、廣東等；玉米研究完全碾壓其他美洲作物研究，番薯研究僅次之）發現：

一是玉米、番薯雖然傳入時間較早，但發揮功用時間較遲，除了番薯在明末的福建、廣東尚有可圈可點之處外，基本都不入流，直至清乾隆中期之後南方山區開始推廣，在道光年間完成推廣。換言之，18 世紀中期到 19 世紀中期是兩者在南方山區推廣最快的階段，之後才作為主要糧食作物發揮了巨大功用。在南方平原地帶，則一直建樹不多；最終在南方形成了西部山區玉米種植帶和東南丘陵番薯種植帶，雖有交匯，卻分庭抗禮，邊界在湖廣、廣西。

二是北方玉米、番薯推廣更晚，清光緒以降的清末民國時期才有較大發展，最終奠定了一般糧食作物的地位，然地位仍不及兩者在南方山區之地位。玉米勝於番薯，尤其在春麥區番薯幾無蹤跡，玉米在北方山區值得一書，在平原也有所發展，在總產量上得以超越南方。

由此可見，玉米、番薯完成推廣並開始發生較大影響始於 19 世紀中期，此時人口已經達到帝制社會的峰值，19 世紀中期之前的人口增長率並不高，沒有美洲作物也可以達到這個增長率。更何況，19 世紀中期包括之後的一段時間內，玉米、番薯還更多是南方山地的主要糧食作物，南方平原和北方大區未在主要受輻射的範圍內。而且，南方山區人口並不是人口增長的主力，中國歷史上任何時期人口集中的地區都是在傳統農區（平原地區）。美洲作物使山區人口增長，山區環境承載力決定了不可能容納太多的人口；山區人口基數過低，如果以山區為標杆測算增長率，自然會以為中國人口大幅增加。況且山區人口增加也不是歸功於美洲作物，而是“移民潮”，有清一代移民活動空前激烈，移民大大加速了人口增長，山區高得驚人的人口增長率並不是人口自然增長率。

總之，美洲作物和人口增長在“時間”上不一致，不是正相關的關係。將引種先後和種植力度畫等號，再與人口增長關聯的做法也是不可取的。太平天國運動之後美洲作物影響漸廣，但因處在人口增長低潮期，與人口之間的關係更加難以揣度。

民國時期數據的再研究

民國以來是美洲作物的南北方發展時期，民國時期美洲作物的影響力肯定是大於清代的，如果我們洞悉民國時期玉米、番薯的面積比和產量比，就有助於我們理解清代狀況。民國時期的調查數據雖然有所欠缺，但已經彌足珍貴，集成茲列於下表。

民國時期美洲作物數據統計

時間	內容	出處
1914 年	玉米種植面積佔作物總種植面積的 4%，番薯佔 1%；玉米產量佔糧食總產量的 5%，番薯佔 2%	李昕升，王思明：《清至民國美洲作物生產指標估計》，《清史研究》2017 年第 3 期
1914—1918 年	玉米種植面積佔作物總種植面積的 5.5%，番薯佔 1.7%；玉米產量佔糧食總產量的 5.18%，番薯佔 2.49%	德・希・珀金斯：《中國農業的發展 1368—1968》，上海譯文出版社，1984
20 世紀 20 年代	玉米種植面積佔作物總種植面積的 6%，番薯佔 2%；玉米產量佔作物總產量的 5.63%，番薯佔 2.55%	張心一：《中國農業概況估計》，金陵大學，1932
	玉米種植面積佔作物總種植面積的 6%，番薯佔 2%；玉米產量佔糧食總產量的 6%，番薯佔 3%	馮和法：《中國農村經濟資料》，黎明書局，1933
1929—1933 年	玉米種植面積佔作物總種植面積的 9.6%，番薯佔 5.1%	卜凱：《中國土地利用》，金陵大學，1941
20 世紀 30 年代	玉米種植面積佔作物總種植面積的 6%，番薯佔 2%	方顯廷：《中國經濟研究（上冊）》，商務印書館（上海），1938
	玉米種植面積佔作物總種植面積的 6%，番薯佔 2%；玉米產量佔糧食總產量的 6.78%，番薯佔 4%	吳傳鈞：《中國糧食地理》，商務印書館（上海），1947

雖是不完全統計，但已經能夠反映大多數學者的總體認同，玉米、番薯在抗戰全面爆發之前在作物中所佔比例，無論是面積還是產量都並無巨大優勢。除了傳統稻麥佔絕對優勢之外，大麥、高粱、小米、大豆的種植面積均超過玉米、番薯，更不用提其他美洲作物了。一句話，傳

統南稻北麥的格局依然以傳統糧食作物為主，並沒有被美洲作物所打破。也難怪當時北方的兩年三熟、南方的水旱輪作，還是較少有美洲作物參與的。如果在民國初期美洲作物是如此面相，我們來回溯清代的狀況，美洲作物定是只弱不強，其對人口的貢獻也就不過寥寥了。

高產與低產之間：種植制度的博弈

中南美洲是美洲作物的世界起源中心，但在漫長的歷史時期內，並無"人口爆炸"一說。如果按照今天美洲作物的高產特性，說玉米、番薯養活了大量新增人口是有一定道理的。但是，傳統社會中的美洲作物並沒有我們想象的那樣高產。我們一向稱玉米、番薯為"高產作物"實際上有點言過其實。

所幸民國時期具體數據增多，通過整理大致可以發現單產玉米在 95 千克左右，番薯在 500 千克左右（見下表）。民國時期玉米、番薯不是作物改良的主要對象，所以清代大致也是這個水平，一脈相承。

歷年重要農作物單位面積產量單位　　　單位：市斤／市畝

作物	1931年	1932年	1933年	1934年	1935年	1936年	1937年
稻	325	366	337	273	334	341	341
小麥	145	143	153	151	136	149	118
大麥	153	158	156	168	158	166	132
高粱	178	187	191	173	188	199	179
小米	167	166	167	157	169	171	154
玉米	188	192	184	176	189	181	180
番薯	990	1117	1022	957	1076	932	1093
大豆	153	157	178	144	139	160	158

資料來源：章有義，《中國近代農業史資料：第三輯（1927—1937）》，生活・讀書・新知三聯書店，1957 年，第 926 頁。

番薯水分較多，按照四折一的標準折合成原糧也就是 125 千克，1949 年之後更多地按照五折一，那番薯的畝產就更低了。玉米約 95 千克，番薯約 125 千克，當然不可能比水稻高產，水稻在當時一般畝產量是 150 千克。小麥的畝產雖然不高，但和水稻一樣價值很高，再者說小麥是良好的越冬作物，綜合效益上是不可能被美洲作物超越的。美洲作物不能取代它們，所以這就是玉米難以在南方平原、番薯難以在北方平原扎根的原因之一。番薯難以融入北方，主要是因為番薯和小麥不能很好地輪作，接茬時間上出現了衝突，番薯與玉米則契合得較好，這也是後來玉米在北方大發展的原因之一。

水稻、小麥不提，玉米、番薯單產相對其他雜糧固然略有優勢，但優勢也不是很明顯（和高粱相比），在傳統作物搭配根深蒂固的前提下，很難做排他性競爭。此外，它們不易於做成菜餚和被飲食體系接納，經常見到認為玉米、番薯適口性不好的記載，更難引起文化上的共鳴，這些心理因素是發展的鴻溝。

"錢糧二色"的賦稅體系

玉米、番薯在明末傳入之初，作為奇物風頭一時無兩，但是隨著國人對其認識的加深，物以多為賤，其不費人工、生長強健、成本低廉、產量頗豐等因素決定了其價值不會很高。尤其是它們之後作為山區拓荒作物，只有窮人才吃，口感確實也不好，必然不會受到地主和權貴階層的青睞。誠如歷史學家李中清所言，由於人們對番薯等新作物口味的適應較慢，新作物的明顯優勢最初都被忽視了；同樣，一般來說只有貧困人民才會食用番薯等美洲作物，人們將其作為一種新的底層食物。有清一代，美洲作物基本沒有被納入賦稅體系。

傳統社會的賦稅體系是“錢糧二色”本位，不管兩者的比例消長，無論是“錢”還是“糧”都基本與美洲作物無涉。“錢”的話美洲作物賣不上價，吃這些食物是不得已而為之的辦法，農民即使想憑藉美洲作物換錢完課也是不可能實現的。更何況交通不便、市場不完善，即使是商品糧和經濟作物，農民也要忍受中間商的盤剝，更何況玉米、番薯了。“糧”的話無論是交租還是納糧，都不包括美洲作物，價值不高、口感不好、層次較低、飲食習慣等都決定了業主不可能以此充“糧”，這裏說的“糧”南方是水稻，北方主要是小麥，小米、黃米、高粱兼而有之，俱是傳統糧食作物。

還有一個因素限制了美洲作物的推廣，也是與賦稅體系相關——租佃關係下清代同時盛行分成租和定額租。定額租或許會好一些，但是分成租地主對農民人身依附關係控制強烈，農民飽受壓迫，地主不但親自“督耕”，還強迫農民種植特定作物，農民沒有選擇的自主權，更別提在分成租的前提下農民經濟實力弱小，往往還需要地主提供生產工具、耕牛、種子等，地主肯定不會讓農民種植玉米、番薯這些低級作物。所以，在租佃關係越發達的平原地區，玉米、番薯的影響越小。

除非稅賦體系出現嚴重問題，美洲作物是不會成為課稅對象的。要麼像山區開荒那樣不涉稅賦的情況，免於“升科”或賦稅極低；要麼有主山場租金極低；要麼土地清丈困難，便於隱匿。美洲作物在這些地區是很有需求的，但也僅限於自食自用。

商品農業與美洲作物的博弈

玉米、番薯不需要像稻麥一樣精耕細作，於是農民可以騰出手來搞一些商品性農業，這在山地開發初期是很有優勢的。流民“熙熙攘攘，皆為苞穀而來”，給我們一種暗示就是客民都是為了種植玉米才來的，玉米、番薯省力省本省時，他們大老遠跑來就是為了吃飽嗎？這在邏輯上是說不通的。李中清先生發現西南人口的增長主要是得益於中心工業區發展和城市擴大吸引而來的移民，美洲作物直到 18 世紀晚期還沒有成為西南主要食物來源；王保寧教授也發現棚民進山主要是為了山林經濟，玉米充其量不過是林糧間作的附屬“花利”。這些不但可以證明山區人口增長在先，然後“人口壓力決定糧食生產”，更反映了流民是為了利益而來，他們披荊斬棘、辛苦備嘗，不是為了苟活於世那麼簡單，不少棚民身家甚富，不但預付租金，而且僱工經營。

墾山棚民明代後期已有之，當時人口矛盾並不如清代這麼突出，也沒有什麼美洲作物大力開發之舉，人們之所以背井離鄉無非是利益的驅動，通過種植一些經濟作物來獲利，如靛藍、苧麻、甘蔗、罌粟和一些經濟林木等，“皆以種麻、種菁、栽煙、燒炭、造紙張、作香菰等務為業”；清代中後期，又加入了煙草、美棉、花生等後來居上的作物，這才是棚民墾山的真正目的。山區缺糧問題一直存在，傳統糧食作物不但低產而且價格昂貴，聚集的人群越多，經濟作物越是擠佔良田，糧價越貴，玉米、番薯正好迎合了棚民對糧食的需求，於是一拍即合，加劇了民食粗糧化。雖然史家均認為貨幣地租在近代之前不佔主流，且江南採用貨幣地租比較多，山區商品經濟固然沒有江南發達，但是貨幣地租的比例不一定比江南低，蓋因山區納糧是比較困難的，相當一部分的地租只能通過經濟作物這個實物形式轉化為貨幣形式。

既然如此，我們就知道經濟作物一定佔據了較大的份額，山區開發之始經濟作物生產與糧食生產之間就一直存在矛盾，在地方社會爭論不休，卻懸而未決。不過既然經濟作物連良田都可以擠佔，何況是玉米、番薯？所以它們在推廣的同時也要面臨經濟作物的競爭，這是一個同步的過程。美洲作物歸根結底是一種用來糊口的無奈選擇。

學界已經重新評估了明清山區商品性農業的發展，指出其充其量不過是“生計型”和“依賴型”農業商品經濟，不足以實現經濟根本轉型。受制於嚴峻的生態和生計現實，一直佔絕對主體地位的山區稻作經濟不僅停留在糊口的發展水平上。可見，山區作物的“老大”既不是美洲作物也不是經濟作物，還是水稻。山區農民尤其是漢人移民首選的還是稻（水稻、旱稻、糯稻），除了山間壩子之外，即使不是很適合稻作發展的丘陵，農民也力爭種植稻穀，千辛萬苦開墾梯田也在所不惜，這就是山區的“技術鎖定”。其中的原因是很複雜的，涉及種植習慣、技術慣習、飲食習慣、高產價高四大因素，限於篇幅我們不再展開。

量化證明美洲作物與人口增長沒有直接關係

歷史研究一般是有一分資料說一分話，陳碩與龔啟聖文雖然頗有啟發，但是結論未免有點驚世駭俗，與筆者長期以來研讀史料、定性研究的結論大相徑庭。基於此，筆者撰寫了論文《清至民國美洲糧食作物生產指標估計》（《清史研究》2017 年第 3 期），文章的初衷是“以量化對量化”。量化史學認為史學研究缺乏“用數據說話”，因為沒有大樣本統計分析、檢驗假說的真偽而為其詬病，易言之，他們認為這僅僅是假說，並非歷史事實，很可能被證偽。這確實是科學嚴謹的態度，然而卻忽略了史學家也並非是“拍著腦袋想問題”，而是建立在“板凳須坐十年冷”這樣的苦功夫的基礎上，閱讀了大量文獻（大樣本）後方奠定研究基礎，必是以求真務實為依據的。明證就是量化歷史的結論驗證的史學假說多被證明是正確的，事實上量化歷史提出的假說也並非憑空構建的因果關係，而多是由史學家率先提出的。

我們利用大量一手資料尤其是前人所未用的台北近代史研究所檔案館檔案，結合農學知識、史學積累，得出的結論就是：19 世紀中期，玉米、番薯提供人均糧食佔有量約為 22 千克，能夠養活 2473 萬—2798 萬人，至少太平天國運動（人口峰值）之前的人口壓力並非源自美洲作物，即美洲作物不是刺激人口增長的主要因素，就全國而言美洲作物發揮更大功用的時間在近代以來，已經錯過了人口激增的階段。至少在美洲作物的問題上，是量化史學而並非傳統史學把虛假的相關性看成因果關係。舉一個不恰當的例子，如果只把目光聚焦到作物上，2015 年國家推出了"馬鈴薯主糧化戰略"，若干年後，恐怕也會有人認為土豆是 21 世紀人口增長的主因，而忽略了全面放開二孩的政策，這就是量化歷史的風險。

總之，所謂"進了山區就是美洲作物的天下"是一種錯覺。即使是山區旱地望天田，美洲作物佔據絕對優勢，也不可能完全排擠掉大麥、蕎麥、小米等多樣雜糧，這是中國農業的特色。加之經濟作物、梯田這樣的商品農業與美洲作物的博弈，實在不能過分高估美洲作物的地位，其作為糊口作物、補充雜糧的定位從一開始就決定了不可能超越水稻，賣細留粗、暫接青黃才是它們的閃光點。

玉米的稱霸之路

玉米原產於美洲，學名玉蜀黍（*Zea mays* L.）。玉米在我國別名較多，如番麥、棒子、包（苞）米、玉（御）麥、包（苞）穀、包（苞）蘆等，據咸金山先生統計不同名稱有 99 種之多。玉米明代中期傳入我國，一般認為是經多渠道傳入。雖然早年也有一些言論認為玉米獨立起源於中國或印度，21 世紀以來已經無人提起，這種虛假的言論早已經沒有了市場。

玉米在美洲作物史中的地位首屈一指，這與其古今重要性是分不開的，它是美洲糧食作物的典型代表。域外作物本土化一般要經歷漫長的歷程，如小麥在史前便從西亞傳入中國，卻要到唐代才在中國確立主糧地位，前後經歷了幾千年的時間。玉米（包括番薯）不過花了幾百年，如此迅速地產生如此重大的影響著實讓人歎為觀止。如今（2010 年起）玉米已經取代稻、麥成為第一大糧食作物，這其中的內生邏輯與畜牧業息息相關。當然，就如同今天玉米是第一大糧食作物而並非第一大口糧一樣，對其的認識一定要辯證客觀，否則在研究玉米史的過程中便會陷入“美洲作物決定論”的怪圈。

玉米傳入中國

“東南海路說”，就是指玉米經葡萄牙人或中國商人之手較早傳入我國的浙江等東南沿海地區。成書於明隆慶六年（1572）的《留青日札》記載：“御麥出於西番，舊名番麥，以其曾經進御，故曰御麥。幹葉類稷，花類稻穗，其苞如拳而長，其鬚如紅絨，其粒如芡實大而瑩白，花開於頂，實結於節，真異穀也。吾鄉傳得此種，多有種之者。”可見玉米在此之前傳入浙江沿海，杭州文人田藝蘅的記載是“東南海路說”的主要依據之一。但是玉米在傳入浙江後的一百年裏都沒有得到大面積推廣，在清康熙之前的方志記載僅有三次：乾隆《紹興府志》引明萬曆《山陰縣志》“乳粟俗名遇粟”；光緒《嘉興縣志》引明天啟《湯志》“所謂糯粟者即此耳”；以及明萬曆《新昌縣志》僅記載“珠粟”一詞。山陰縣、嘉興縣均位於多山的浙江的北部平原地帶（杭嘉湖平原和寧紹平原），新昌縣距離寧紹平原不遠，可見玉米在明末清初一直局限在浙北平原。

“西南陸路說”——哥倫比亞大學富路德（L. Carrington Goodrich）教授發表在美國《新中國週刊》上的研究成果，蔣彥士先生在1937年將之譯為中文：“1906年，勞費爾博士發表一傑作，謂‘玉蜀黍大約係葡萄牙人帶入印度，由印度而北，傳佈於霧根、不丹、西藏等地，終乃至四川，而漸及於中國之各部，並未取道歐洲各國’。勞氏謂玉蜀黍初次輸華時期，約在1540年，此或最早輸入中國之說，但亦未足恃為定論。”勞費爾博士的研究結論在今天看來仍有合理性。何炳棣先生又作了進一步的補充，認為玉米推廣最合理的媒介是雲南各族人民，明代雲南諸土司向北京進貢的“方物”就包括玉米。總之，西南一線中雲南最先引種玉米，進次推廣到其他省份。方志的記載更為可靠。明嘉靖四十二年（1563）《大理府志》載：“來麥牟之屬五：大麥、小麥、玉麥、燕麥、禿麥。”這是玉米在雲南方志中的最早記載，從時間上看不僅與西北一線最早的嘉靖《平涼府志》的記載時間相差無幾，更早於東南地區對玉米的最早記載——成書於隆慶六年（1572）的《留青日札》。所以，西南陸路確實是玉米傳入中國的路徑之一，考慮到方志記載玉米的時間肯定晚於玉米在當地的栽培時間，至遲在 16 世紀中葉玉米就應該引種到了雲南。

值得注意的是，雖然筆者認為“東南海路說”“西南陸路說”是比較合理的，但是學界確實有少部分人有不同意見。由於史料較少，我們也不能判斷“東南海路說”“西南陸路說”真的就不存在，需要藉助於兩個突破，一個是農業考古，一個是西方傳教士文獻與商業貿易檔案，這方面無新材料，可能整體不會有突破。這也是筆者後來很少介入源頭問題的原因之一，而且傳入、引種等難以明說的問題，在整個玉米史研究中也並不是非常重要的問題。但是，大家對“西北陸路說”是沒有任何疑問的，這是一條確鑿的路徑。

“西北陸路說”——玉米最早出現在明嘉靖三十九年（1560）的《平涼府志》：“番麥，一曰西天麥，苗葉如薥秫而肥短，末有穗如稻而非實。實如塔，如桐子大，生節開花垂紅絨，在塔末，長五六寸，三月種，八月收。”這不僅是玉米在方志中，也是玉米在中國的最早記載，沒有人否定這一結論。《平涼府志》之後，西北亦有其他相關證據，如萬曆《肅鎮華夷志》中的“回回大麥：肅州昔無。近年西夷帶種，方樹之，亦不多。形大而圓，白色而黃，莖穗異於他麥，又名‘西天麥’”，證據鏈條可信，加之玉米的一些早期別名“西番麥”“番麥”“西天麥”“回回大麥”等，傳入路徑指向清晰，確無疑問。誠如《二如亭群芳譜》所說：“以其曾經進御，故曰御麥，出西番，舊名‘番麥’。”可能為西方使節進貢之物。

雖然玉米在傳入之初只在平原種植，但玉米的畝產不低，所以《留青日札》載“吾鄉傳得此種，多有種之者”，但是與水稻等傳統作物相比，玉米仍處劣勢，在五穀爭地的情況下，玉米這種新作物並沒有競爭優勢，難以大面積推廣。各省情況均是如此，玉米雖然引種較早，卻發展緩慢，尚不能作為一種糧食作物在農業生產中佔有一席之地，《本草綱目》記載玉米“種者亦罕”，《農政全書》也只在底註中附帶一提。

玉米異軍突起

玉米發揮優勢遠慢於番薯，可以說是後來居上，直到玉米遇見山區，才真正地發揮優勢和被重視起來。玉米的抗逆性較強（高產、耐饑、耐瘠、耐旱、耐寒、喜砂質土壤等），能夠適應山區的生存環境，充分利用了之前不適合栽培作物的邊際土地，且有不錯的產量。

清乾隆以後的百餘年，即 18 世紀中期到 19 世紀中期，玉米的推廣大大超過了以前的 200 多年，其中發展最快的當推四川、陝西、湖南、湖北等一些內地省份，而陝西的陝南、湖南的湘西、湖北的鄂西，都是外地流民遷居的山區。此外像貴州、廣西以及皖南、浙南、贛南等山地，也發展迅速。換言之，18 世紀中期到 19 世紀中期是玉米在南方山區推廣最快的階段，之後才作為主要糧食作物發揮了巨大功用，在南方平原地帶則一直建樹不多；最終在南方形成了西部山區玉米種植帶。

移民在玉米價值的詮釋和玉米的進一步推廣中功不可沒，如清乾隆

《鎮雄州志》載：“包穀，漢夷貧民率其婦子開墾荒山，廣種濟食，一名玉秫。”18 世紀中後期玉米已經是外來移民或者窮人的主要食物。此外，乾隆以來的一系列山地“免升科”的政策，加速了棚民對山地的開發，早在乾隆五年（1740）七月的“御旨”就規定“向聞山多田少之區，其山頭地角閒土尚多……嗣後凡邊省內地零星地土可開墾者，悉聽本地民夷墾種，免其升科”。而且，種植玉米的成本很低。首先租賃山地花費很少，山地在棚民開發之前多為閒置，所以在棚民租賃山地時，山主自然願意以極低的價格將多年使用權一次性出售。

北方玉米推廣更晚，光緒以降的清末民初才有較大發展，最終奠定了一般糧食作物的地位，然仍不及其在南方山區之地位。玉米在北方山區值得一書，在平原也有所發展，在總產量上得以超越南方。此外，清嘉慶以來，多見官方禁種玉米，這些雖有效果，但收效不大，玉米暗合了棚民開山的需求，屢禁不止，愈演愈烈。歸根到底，這些都是農民自發選擇，不是國家權力所能管控的。

到了民國中後期，玉米更為強勢，擠佔了北方一些傳統糧食作物，在北方大平原，尤其是東北地區有了較大的發展，取得了對南方的絕對優勢，部分原因在於南方平原始終少有玉米的影子。玉米相對番薯更容易進入種植系統，蓋因番薯生長期太長，春薯、夏薯均與冬小麥相衝突，冬小麥完全可以選擇玉米進行前後搭配，用地和養地相結合，取得“一加一大於二”的效果。總之，玉米與本土作物進行了較好的配合，參與到新的一輪輪作複種體系當中。

在強人口壓力下，玉米的推廣養活了山區眾多的新增人口，玉米本身除了比水稻種植簡單之外，生長期比水稻更短，在水稻未收穫前成為補充口糧、解決青黃不接的重要食糧。玉米既充當了主食又被視為重要

經濟作物，全身是寶，無一廢物，還誕生了不少名優品種。某些地區幾乎完全仰仗玉米，玉米除了作為口糧、飼料之外，還可加工釀酒，是釀酒的四大原料之一。同時玉米“初價頗廉，後與穀價不相上下”，不但成為棚民的糧食保證，價格也刺激棚民不斷擴大生產。

玉米在艱難中發展

新作物玉米被人們接受經過了漫長的時間，如清乾隆《東川府志》載：“玉麥，城中園圃種之。”只是作為一種蔬菜作物種植在園圃中，這不是個案。山地作物玉米具有明顯的優勢，但由於人們口味的適應較慢，玉米的優勢被自然地忽視，在城鎮中更是如此。玉米的引種和推廣可以被視為一種技術革新措施，但是沒有立即促進人口增長，反而是因為 18—19 世紀的人口壓力，玉米才成為主要糧食作物。

玉米生長期短，理論上可以作為冬小麥的前後作，但是我們看見的多是前作。這就是北方兩年三熟的種植傳統“麥豆秋雜”，麥後多種大豆，冬小麥對土壤肥力消耗過高，如果再種植粟、玉米等，必然影響土地的肥力，來年必定減產，而豆類則達到了較好的養地目的，華北有農諺“麥後種黑豆，一畝一石六”。玉米其實對土壤要求不低，沒有適量的水、肥，玉米產量並不高，所以有高產潛質的玉米也不過畝產一百來斤。

既然玉米可以作為冬小麥的前作，為什麼沒有完全碾壓高粱、小米、黍等？心理因素和種植習慣只是一個方面，更重要的是農民的道義經濟。傳統農民追求秋糧的多樣化，“雜五穀而種之”，求得穩產歷來比高產更重要，分散了經營風險，何樂而不為，除非其中一種作物優勢明

題，這是中國農民的智慧。聯想到今天農業產業過於單一化，抗風險能力較差，一旦出現問題，衝擊是劇烈的，愛爾蘭大饑荒便是如此。規避風險之外，農民不選擇玉米也是符合客觀規律的。我們看到玉米的抗逆性強，耐寒耐旱耐瘠，但是沒看到玉米耐旱不如小米、耐寒不如蕎麥，所以玉米也不是萬能的"良藥"。在乾旱無灌溉的地區改種玉米，在海拔 2000 米以上的山地種植玉米，不會有好的收成。在這裏需要重提"風土論"，不同作物生態、生理適應性不同，在經緯地域分異和垂直地域分異下形成的環境特性是自然選擇的結果，盲目改種玉米的虧，1949 年後我們是吃過的。玉米尤其怕澇，適當乾旱有利於促根壯苗，如果土壤中水分過多、氧氣缺乏，容易形成黃苗、紫苗，造成"芽澇"。因此，玉米苗期要注意排水防澇。玉米較早地傳入東南各省，但是一直局限在一隅，未能推廣開來，部分歸因於沿海平原地區並不適合栽培玉米，在低窪地、鹽鹼地，高粱就具有了絕對優勢。所以我們才看到，美洲作物雖然最先進入沿海平原，但是卻在山區開花結果，然後又影響了部分平原這樣的逆"平原—山地"發展模式。

玉米在南方山區就一帆風順嗎？南方山區其實並不適合發展種植業，如果沒有玉米，開發深度不夠，最終會走上發展林牧副業的道路。玉米大舉入侵之前不是沒有糧食作物，如蕎麥、大麥、燕麥、小米等，顯然它們在山區算不得高產作物，不會形成規模。玉米雖然在平原沒有優勢，但在不宜稻麥的山區卻是名副其實的高產作物，排擠了傳統雜糧。

但是，在山區自然條件下大舉發展種植業問題多多，山區土質疏鬆、土層淺薄，仰仗林木保持水土。深山老林一旦開發，過度利用導致水土流失嚴重，棚民墾山種植玉米帶來環境問題的類似記載在文獻中數不勝數，研究發現民國時期玉米主要產區與今日石漠化分佈區一致，這些都導引了亞熱帶山地的結構性貧困，最終連玉米都沒得種。玉米確實有這樣的本事，玉米根系發達、穿透力強，加劇了土壤鬆動。比較而言，番薯對生態破壞影響最小，且比玉米適應性強，並不是我們一般認為的番薯結實於土中因此對土層要求高。在土層淺、肥力低、保墒差的山區上，番薯可能比玉米更適合耕種，唯番薯喜溫暖，不及玉米耐寒。

前文已述玉米總體上多種植於西部山區，西部山區水熱條件差些，但玉米也能適應。所以，在山地開發初期，玉米尚能滿足需求，後期隨著人口密度加大、水土流失嚴重，自然條件允許下的梯田稻作實為更好的選擇。梯田在清代達到了開發高潮，興修的大量陂、塘、堰、壩就是為了配合這種發展，此種南方山區的立體農業百利而無一害，既可自流灌溉又可引水灌溉，在保持水土的同時又非常高產。產出的水稻很寶貴，農民往往賣細留粗，所以說玉米在開發後期也是有一席之地的，尤其玉米最短 90 天就可收穫，有救荒之奇效。

中國第一大作物

玉米真正的大發展是在中華人民共和國成立之後，這一時期成為美洲作物發展的分水嶺。1949 年之後玉米種植面積迅速超越小米，成為繼稻麥之後的中國第三大糧食作物，2010 年以來更是成為中國第一大作物並長期霸佔首位。為何玉米在 1949 年之後異軍突起？

第一，1949 年之後的中國人口形勢更為嚴峻，人口壓力一年高過一年；發展畜牧業需要大量飼料，逐漸確立了玉米在飼料中的主導地位。在傳統糧食作物增產達到一定瓶頸的前提下，玉米值得更多的關注。玉米確實也具有增產的潛力，在傳統社會沒有被關注的條件下都能達到那樣的高度，如果精耕細作，產量必有提升，歷史也證明了這一點。

第二，中國共產黨領導基層群眾的天才亙古未有，行政命令有令必行。1955 年，國家把"增加稻穀、玉米、薯類等高產作物的種植面積"列入第一個五年計劃中，《1956 年到 1967 年全國農業發展綱要》又明確提出"從 1956 年開始，在 12 年內，要求增加 3.1 億畝稻穀，1.5 億畝玉米和 1 億畝薯類"，可見國家對於玉米的重視，除了水稻無出其右。

第三，1970 年之後，主要由於高產雜交玉米的快速推廣，玉米單產持續增長，1978 年達到了畝產 187 千克，比民國時期翻了一倍，1998 年又翻了一番達到 351 千克，2015 年達到 393 千克。加之國家對土地零碎化的整治、水利更加健全等因素，玉米單產不斷增加，更加具有競爭力，於是播種面積也水漲船高，最終玉米在 2010 年成為中國第一大糧食作物。

第四，隨著我國居民收入水平的提高，玉米作為直接食用糧的情況越來越少見，但是產量卻越來越多，這與畜牧業發展的邏輯息息相關，依賴於大量糧食飼料的家畜飼養業消耗了比以往更多的糧食資源。作為主要飼料來源的玉米，市場需求量顯著增加，在玉米消費結構上，玉米種植面積的擴張趨勢與中國人均消費肉禽蛋奶增長的趨勢近乎同步。玉米與豆粕是中國家畜飼養業主要使用的飼料種類，玉米在取得了第一作物的地位後，消費基本維持在自給自足階段，如果沒有玉米的高產量，中國飼料糧則需仰賴進口，糧食安全會受到挑戰。

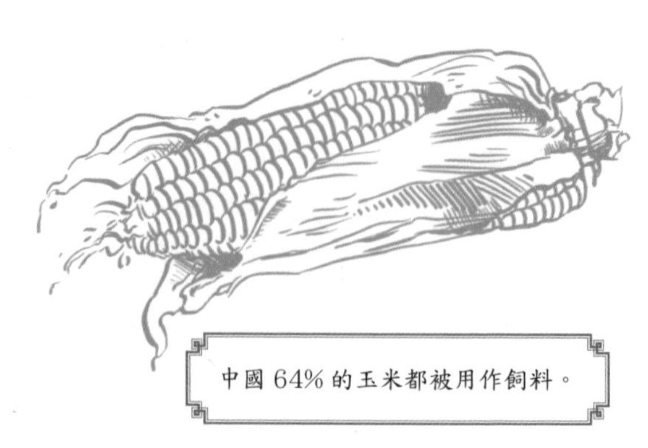

中國 64% 的玉米都被用作飼料。

玉米和農民起義發生率有關係嗎？

筆者經常看到一些奇怪的文章題目，譬如《玉米為什麼無法拯救明朝》《玉米和紅薯能否救大明》。為什麼要將一兩種農作物與明朝的滅亡聯繫起來？關於明朝滅亡，這是一個研究比較成熟的問題，可以說明朝滅亡既有偶然，也有必然，這是諸多因素共同導致的結果。近年來有些學者“腦洞大開”地將玉米、番薯與明朝滅亡相關聯，由於明朝滅亡是一個既定的事實，所以他們認為玉米、番薯沒有挽救明朝，原因有：

> 這兩種作物的食用口感不如大米和麵粉，特別是番薯食用之後有脹氣、反酸等不良反應，因此百姓的種植積極性不高。而到崇禎年間，全球進入小冰期，再在全國範圍內，特別是最嚴重的陝西地區推廣種植玉米和番薯，從時間上來說已經來不及了。
>
> 當時玉米作為糧食的價值也沒有被人們所認識……正是明朝統治者的愚蠢，沒有因勢利導推廣玉米種植，從而為自己失掉了度過危機的最後機會……即使當時的明朝統治者推廣了玉米種植，也不能從根本上擺脫危機，而只會推遲危機的發生。

以上言論不在少數，根據一些明代穿越小說描述，崇禎年間天下大旱，主人公是靠推廣玉米和番薯解決了人們的糧食問題，消弭了農民起義，改變了歷史。以上言論真是讓人看得急火攻心。不說這是一種“事後諸葛亮”，拿今天的先驗性結論去反套古代，這同時也是把古人當傻子。

實際上古人並不傻，一些缺乏農學知識、農村生活經驗的現代人才是傻子。處在溫飽掙扎線上的古代農民，對於該種什麼、不該種什麼計算得十分精明，這是農民的道義經濟學。玉米、番薯傳入之初，由於比較新奇，確實得到過一些特殊待遇，比如《金瓶梅》提到過“玉米麵鵝油蒸餅”，這是招待客人的一等一美食；清乾隆《盛京通志》也說玉米是“內務府漚粉充貢”的皇家御用品；陳鴻在《國初莆變小乘》中說：“番薯亦天啟時番邦載來，泉入學種，初時富者請客，食盒裝數片以為奇品。”可見人們不是不知道它們的好處。後來它們發展壯大了，成了“大路貨”，大家反而不喜歡種了。災荒年趕緊搶種一下救救急，但度過災荒後，為什麼不種了？原因比較複雜，主要有飲食習慣、種植制度、技術慣習、經濟效益等多重原因。到了清後期開始種得多了，這是因為人口已經太多，沒得選了。

這裏我們主要談玉米與農民起義之間的關係，番薯姑且不論，因為番薯在傳統社會的重要性不如玉米，搞清楚了玉米，番薯問題也就水落石出。問題主要是針對陳永偉、黃英偉、周羿《“哥倫布大交換”終結了“氣候—治亂循環”嗎？——對玉米在中國引種和農民起義發生率的一項歷史考察》一文（《經濟學季刊》，2014 年第 3 期，以下簡稱“陳文”，對原文內容的引用不再標註）。

“哥倫布大交換”終結了“氣候—治亂循環”嗎？在陳文中“哥倫布大交換”主要是指明清時期美洲作物傳入中國，並產生的一系列影響；“氣候—治亂循環”也就是歷史上由於氣候變遷引起的社會治亂。陳文此項命題的前提是中國王朝歷史存在“氣候—治亂循環”，氣候變遷與社會治亂的關係是否成立筆者暫且不談，這不是本章主要想討論的。當然筆者認為歷史上影響農業生產從而影響社會治亂的因素有很多，氣候只是其中之一；筆者也認為影響社會治亂的因素除了農業生產外也有很多因素，與氣候則毫無關聯。

只有“哥倫布大交換”能終結“氣候—治亂循環”嗎？

為什麼單拿出“哥倫布大交換”來討論，並認為其可能會終結“氣候—治亂循環”？筆者略有不解。中國歷史上的“農業革命”（該詞可能不甚妥當）何止明清時期的“哥倫布大交換”，如春秋戰國時期鐵農具、牛耕的應用和普及，精耕細作的農業開始產生；再如唐代北方冬小麥主糧地位的確立，南方水稻集約技術體系的形成。如果可以把農業技術的劃時代進步都稱之為“農業革命”的話，試舉的兩例都可謂“農業革命”。當然，明清時期美洲作物的引種尤其美洲糧食作物的引種，被視為一項技術引入，也堪稱“農業革命”。“氣候—治亂循環”應該是貫穿古代社會的，筆者並不認為“哥倫布大交換”比之前的農業革命的意義更大。如果“哥倫布大交換”存在終結“氣候—治亂循環”的可能性，那麼此前的農業革命也具有這個可能性。如此論之，“氣候—治亂循環”在歷史上伴隨著技術進步常有會被推翻的危險，說明該“循環”並不穩定，其他的“不穩定因素”均值得探討。反之，“氣候—治亂循環”也就是一種穩定的循環，除了氣候因素之外其他任何因素都無法決定是“治世”還是“亂世”，陳文也就沒有提出命題的必要了。

陳文也指出了“哥倫布大交換”存在“環境塑造效應”，帶來了一定的負面影響。歷史時期中很多農業進步幾乎全無負面影響，如富蘭克林·希拉姆·金津津樂道的有機肥料施用，我們在戰國時就已經比較普遍，“多糞肥田”“土化之法”之說先秦已有之，“遠東的農民從千百年的實踐中早就領會了豆科植物對保持地力的至關重要，將大豆與其他作物大面積輪作來增肥土地”。這裏再提下 88 項“中國古代重要科技發明創造”，其中涉及農業科技的就有十餘項。又如生態農業、山地梯田等，不可勝舉，百利而無一害。

清代的農業成就都有終結“氣候—治亂循環”的可能性

在清代，農業生產進步的表現除了美洲高產作物的引種，還有其他許多方面。

一是耕地面積的擴大。尤其是在邊疆地區，東北、新疆、西南一帶，以“下雲貴”為例，從《清實錄》的數字來看，雍正初年到道光末年（1723—1850），雲南共新增耕地約 32911.6 公頃；貴州自康熙四年到嘉慶二十三年（1665—1818），共新增耕地 10184.07 公頃；廣西從順治十八年至道光二十九年（1661—1849），共新增土地面積 43177.13 公頃。這些地區本來就地廣人稀，鼓勵墾荒是一種政策性措施，因“闖關東”“走西口”大幅度增加的土地也是如此。新墾土地可以栽培的作物種類十分廣泛，“南稻北麥”是基本的格局，玉米的確能夠利用一些不適合耕種的邊際土地，尤其在無地可種時玉米便炙手可熱。陳文指出“在新墾耕地中，有相當部分是播種玉米等美洲作物的”，筆者是不能同意的。

二是複種指數提高、多熟種植高度發展。清代多熟制的推廣，不同程度上提高了糧食的畝產量，在兩年三熟制地區提高了 12%—30%，在稻麥一年二熟制地區提高了 20%—91%，在雙季稻地區提高了 25%—50%。

三是農田水利建設的發展。僅經朝廷議准的水利工程，從順治到光緒共 974 宗，乾隆一朝就佔了近半數（486 宗），北方的鑿井灌溉、南方的塘浦圩田、山區的陂塘堰都有顯著的發展。

四是以肥料為中心的技術進步。清代前中期的江南更是堪稱發生了"肥料革命"，豆餅的發現被珀金斯稱為明清"技術普遍停滯景象的一個例外"。

如果說"哥倫布大交換"能夠動搖清代的"氣候—治亂循環"，那麼清代其他的農業成就也都有資格挑戰，清代就是靠這些達到了傳統農業成就的最高峰。氣候變化造成的不穩定因素，其他農業成就都可以緩解，也就是都具有"風險分擔效應"。此外它們也具有"生產率效應"，甚至不存在"環境塑造效應"，在一定意義上比美洲作物更為可靠。高估"哥倫布大交換"是不正確的。

墾種玉米不是水土流失和農民起義的必然和主要的原因

棚民聚居的地區更加容易產生事端，所以官府採取各種"驅棚"的措施。棚民是由於強大的人口壓力和清代墾荒政策入山墾殖而聚集的流民，如果沒有玉米，棚民大軍一樣會產生，"棚民之稱起於江西、浙江、福建三省，各省山內向有人搭棚居住，藝麻種菁，開爐煽鐵，造紙製菇為生"。早在明代中葉玉米尚未推廣時，農民便入山種植經濟作物，因為"有靛麻紙鐵之利，為江閩流民，蓬戶羅踞者在在而滿"，必

然會引發一系列的社會、環境問題，明末浙江就發生了靛民起義，農民起義問題由來已久。“外來之人租得荒山，即芟盡草根，興種蕃薯、包蘆、花生、芝麻之屬，瀰山遍谷，到處皆有。”“更有江西、福建流民，蝟集四境，租山紮棚，栽種煙、靛、白麻、苞蘆、薯蕷等物，創墾節年不息。”“各山邑，舊有外省遊民，搭棚開墾，種植苞蘆、靛青、番薯諸物，以致流民日聚，棚廠滿山相望。”清乾隆以後的棚民才開始種植玉米，與早期的棚民只認以靛菁為主的經濟作物的情況並不相同。但是同樣，與玉米伴隨而種的作物多種多樣，玉米不過是問題的其中一環。

農民起義發生的原因是多種多樣的，除了氣候變化導致的農業減產外，還有很多深層次的原因，至少明清的農民起義更多是國家體制上的原因。陳支平先生從“政治制度、經濟制度、法律制度、道德標榜與現實的背離”四個方面闡述了這種由制度和現實相互背離所產生的對國家體制的破壞力，於是最後國家不是亡於外患就是被自己的人民推翻。如“黃宗羲定律”就是這種背離的表現之一，這都是中國農民起義和社會動亂頻繁的原因。

玉米在傳入中國之後，種植趨勢愈演愈烈，到今天更是佔了耕地面積的 20%。玉米的“環境塑造效應”是相對的，如果過度墾山，自然會造成水土流失；如果規劃合理，養護有方，像今天一樣，並不會造成種植後期的負面效應。事實上，山地大省雲南，雖然在清乾隆中期之後廣植玉米，但是由於本身環境承載力較好，爬梳史料，幾乎沒有關於玉米引發生態惡化的記載，可見其“環境塑造效應”不是絕對的。

玉米種植時間久不等於種植強度大

陳文以玉米在一地種植時間的長短作為衡量玉米在該地種植面積和強度大小的標準，進而成為計量統計的一個重要變量。“種植時間”完全不可以作為“播種強度”的代理變量，這是對玉米傳播史的一個誤讀。

浙江是玉米最早引種的地區之一，明隆慶六年（1572）《留青日札》已見關於玉米的記載，但直到清康熙年間仍局限在浙北平原，兩百年間基本上沒有傳播，乾隆中期玉米才開始通過各種渠道在浙江進一步傳播。雲南的情況也是如此，明嘉靖四十二年（1563）《大理府志》始有玉米栽培。由於人們對新作物的口味適應較慢，新作物的明顯優勢，最初都被人們忽視了，因此 16 世紀就傳入西南地區的玉米，直到 18 世紀仍沒有傳播開來。目前中國關於玉米可信的最早記載，是嘉靖三十九年（1560）《平涼府志》，但是甘肅（包括新疆）作為玉米傳入中國的西北一線，有清一代卻罕有記載。浙江、雲南作為東南一線和西南一線的代表省份，雖然清代記載不少，但均是乾隆中期之後的事了。玉米在乾隆中期之前，多被視為消遣作物，在院前屋後或菜園“偶種一二，以娛孩稚”。

伴隨著移民的浪潮，玉米在中國大規模推廣是清乾隆中期以來的事，也就是 18 世紀中期以後，全國各省均是如此。所以根據引種時間的早晚，無法判斷種植的強度。為什麼會出現這樣的情況？誠如李中清先生指出：隨著大多數作物新品種的傳播，一種以新引進的食物為底層的新食物層次出現了，一般來說，只有那些沒有辦法的窮人、山裏人、少數民族才吃美洲傳入的糧食作物。

總之，新作物玉米被人們接受經過了漫長的時間，清代中期以後玉

米才開始發揮“生產率效應”，而不是逐漸消失。玉米在內陸山地省份的傳播方式是先山地後平原，在沿海平原省份則是先平原後山地。山地在清中期之前多是地廣人稀、交通不便，玉米推廣緩慢；在平原，玉米與傳統糧食作物相比完全沒有競爭優勢，平原土地緊俏，玉米在不宜稻麥的山區更能體現出優勢。陳文指出的“與傳統糧食作物相比，玉米在單位產量上具有明顯優勢”，屬於常識性錯誤，玉米在山區才能稱得上“高產”，在平原上並不比傳統的旱地作物單產更高，民國時期玉米平均畝產不過 90 千克，僅比大麥、高粱之類略高一點。

所以並不能認為“清朝中後期，玉米播種時間更久的地區甚至更容易發生農民起義”，兩者沒有因果關係，倒是起義有只有玉米作為糧食的原因，人們難以度日，如咸豐、同治年間雲南回民起義前後“民食多用包穀，糊口維艱”。也可知，“清初的一百多年時間內，各省增加了近一倍的耕地面積（0.64 億畝）”能落實到玉米頭上的，根本是少之又少。

除了種植時間之外的變量，控制變量中的“貨幣田賦率”和“穀物田賦率”，筆者認為過於武斷。玉米的種植在很多情況下並不入國家的正賦，僅作為一種雜糧，“其利獨歸客戶”，更不要說種植玉米的土地，多是在“免升科”的山地。早在清乾隆五年（1740）七月的“御旨”就規定“向聞山多田少之區，其山頭地角閒土尚多……嗣後凡邊省內地零星地土可開墾者，悉聽本地民夷墾種，免其升科”，道光十二年（1832）的戶部議定得到繼續加強，“凡內地及邊省零星地土，聽民開墾，永免升科。其免升科地數”。

人口膨脹才導致成為食糧的玉米與“大分流”沒有聯繫

美洲作物是歐洲近代化的推進器，傳統的“歐洲中心論”也提到農業革命的重要性，“加州學派”則認為歐洲的近代化具有偶然性。“哥倫布大交換”對歐洲近代化影響的大小這裏不作討論，至少其與中國近代化之間沒有必然聯繫，就更不要說“由此滋生的大量人口則進入了更為偏僻的山區繼續從事農業生產”，所以“沒有幫助中國走出傳統社會”了，它和“中國和歐洲在對待流民的處理方式上存在的差異”也沒有關係。

中國和歐洲“大分流”的原因是更深層次的原因。“中國在19世紀或此前或稍後的任何時候都沒有可能出現工業資本主義方面的根本性的突破”，陳文高估了美洲作物對近代化的影響。真實的原因有人認為是“技術創新並沒有鼓勵性的回報，理論 / 形式理性極不發達；最重要的是，新儒家意識形態沒有面臨重大的挑戰，而商人無法利用他們的財富來獲取政治、軍事和意識形態方面的權力從而抗衡國家的權力”。

按照黃宗智先生的“過密化”理論，無論是華北地區還是江南地區，無論玉米種植的強度如何，都是“沒有發展的增長”，以犧牲勞動生產率換取總產量的增加，直到1979年後過剩的勞動力被吸引到農村工業中才擺脫“停滯”。李伯重先生在《江南農業的發展1620—1850》一書中駁斥了“過密化”以及馬爾薩斯的人口壓力理論，但也沒有提到玉米等美洲作物和近代化到底有何種聯繫。

而且，陳文認為玉米等美洲作物滋生了大量的人口，這是因果倒置。玉米的推廣沒有立即促進人口增長，反而是因為18—19世紀人口

爆炸，玉米才成為主要糧食作物，也就是說在 18 世紀玉米已經是邊緣山區的重要食糧，到了 19 世紀經濟中心區也普遍以玉米為主食。

清乾隆年間糧食短缺嚴重，糧價日益上漲，朝廷對糧價問題進行過大討論，當時便有人指出“米貴之由，一在生齒日繁，一在積儲失劑”。明清不少閩贛棚民墾山種植藍靛，在清乾隆後，因為人口增加、米食不繼而多改種番薯、玉米，就是這個道理。番薯在乾隆年間開始第一波推廣高潮，其中聲勢最大、範圍最廣的“勸種”，當推乾隆五十年（1785）、五十一年（1786），諭旨親自所作的表態，原因也在於糧食短缺。

綜上所述，量化歷史的研究方式以及對玉米和農民起義之間關係的探索還是很有建設性的，作為一種新的歷史研究方法，它開創了一個新的領域，也開闊了讀者的視野。但是，筆者建議在量化歷史研究上，對變量的選擇、數據的可信度、假說的理論基礎一定要反覆斟酌，不能盲目進行計量研究。誠如李伯重先生所言：“我們要特別警惕那種在經濟史研究中盲目迷信經濟學研究方法的傾向。”

花生入華

花生，又名落花生、地果、地豆、番豆、長生果等，原產於美洲，明代後期從南洋最先傳入我國東南沿海福建、江蘇、浙江一帶。明代之前的文獻中並沒有明確記載與栽培種花生相同特性的作物，所謂的“花生”“長生果”“千歲子”等並不是今天意義上的花生（*Arachis hypogaea* Linn.），而是土圞兒。17 世紀初引進原產於南美的花生後，栽培種花生才開始在中國傳播開來。

但是，由於“千歲子”等別稱確實為花生的別稱之一，如清人王鉞在其《星餘筆記》中就說：“落花生，一名千歲子。藤蔓扶疏，子在根下。一苞二百餘顆。皮殼青黃色。殼中肉如栗，炒食微香。乾者殼肉分離，撼之有聲。云種自閩中來，今廣南處處有之。”於是張勳燎（1963）等人認為花生的起源是多元的，中國亦是花生的獨立起源地。他的依據便是《南方草木狀》：“千歲子，有藤蔓出土，子在根下，鬚綠色交加如織，其子一苞恆二百餘顆，皮殼青黃色，殼中有肉如栗，味亦如之。乾者殼肉相離，撼之有聲，似肉豆蔻，出交趾。”《南方草木狀》的影響很大，誤導了一代又一代人，加之《浙江吳興錢山漾遺址第一、二次發掘報告》（1960）、《江西修水山背地區考古調查與試掘》（1962）的錯誤發掘報告，真是造成了“二重證據法”的假象，以假亂真了。

首先是大約在 17 世紀初期傳入的小粒型龍生花生，始見於成書明

崇禎四年（1631）的方以智《物理小識》："番豆，一名落花生，土露子，二三月種之，一畦不過數子，行枝如甕菜，虎耳藤，橫枝取土壓之，藤上開花，花絲落土成實，冬後掘土取之，殼有紋，豆黃白色，炒熟甘香似松子味……生啖有油，多吃下泄。"這種花生匍匐蔓生，果實較小，傳入之初沒有得到迅速傳播，基本罕有文獻加以記載。《物理小識》並未明說花生傳入中國的具體地點，但是花生在清初福建文獻如王沄《閩遊》、康熙《寧化縣志》等中大量出現，可以料想，如《本草綱目拾遺》中說"此種皆自閩中來"。

整個 17、18 世紀，花生在中國的分佈區仍主要局限在南方各省，因而仍被稱為"南果"，如福建、浙江、安徽、江蘇、江西、廣東等地。清康熙年間，從日本傳入被稱為"彌勒大種落地松"的花生品種，"彌勒"說的是隱元和尚，傳說係隱元和尚寄回福建。這種花生果實大、產量高、適應性強、含油率高，人們終於了解到"落花生即泥豆，可作油"（康熙《台灣府志》）、"炒食可果，可榨油，油色黃濁，餅可肥田"（張宗法《三農紀》），花生可以榨油，這一首次發現為花生的廣泛種植開闢了一個新的前景。但是清末之前，中國栽培花生以龍生型和珍珠型為主，榨油效率一直不高。

《滇海虞衡志》對花生的詮釋涉及多個面相："落花生，為南果中第一，以其資於民用者最廣……粵估從海上諸國得其種，歸種之……高、雷、廉、瓊多種之。大牛車運之以上海船，而貨於中國。以充苞苴，則紙裹而加紅籤。以陪燕席，則豆堆而砌白貝，尋常杯杓，必資花生，故自朝市至夜市，爛然星陳。若乃海濱滋生，以榨油為上，故自閩及粵，無不食落花生油。且膏之為燈，供夜作。今已遍於海濱諸省，利至大。"強調了花生從海外引進後，在沿海各省大盛，已有較大規模的商品化生產、運輸，帶動了飲食文化的變遷。到清末民初，除了西藏、青海等少數省份外，其他省份均有分佈。

對中國花生種植影響最大的是從美國傳入的“弗吉尼亞種”（普通型），即美國大花生。這個新品種有直立型和蔓生型兩種，含油量比我國以前引種的品種稍差，但適應性更強，顆粒特別大，產量很高。美國大花生由美國長老會傳教士梅里士 1862 年從上海帶到了山東蓬萊，試種成功後，這種新品種迅速向內地傳播，在很短時間內便傳遍了全國各地。清光緒《慈溪縣志》很早就反映了這一現實：“落花生，按縣境種植最廣，近有一種自東洋至，粒較大，尤堅脆。”大花生的傳入使我國花生栽種面積和產量空前急劇增加。山東由於傳入美國大花生較早，加之自然環境適合花生栽培，很快成為花生產銷中心。花生在黃河流域及東北、華北地區的大面積種植，很大程度上與這次新品種的傳入有直接關係。當然，這僅是先決條件，花生能夠風靡全國，根本原因還是在於獲利甚多，這又歸功於清末西方電動榨油機的傳入，大大提高了榨油效率。花生躋身三大油料作物，花生油打破了芝麻油（北方）、菜籽油（南方）的壟斷。

早期引進品種龍生型小粒花生“性宜沙地，且耐水淹，數日不死”（《滇海虞衡志》），正因其對自然環境的極強適應力，故在最初引種的福建，花生多種植在貧瘠的丘陵沙質土壤中。

民國時期，花生已經成為一種城市平民食品。

花生傳入之初被人們視為果類、芋類。晚晴時期，人們逐漸認識到花生含油脂的特點，因此將其納入具有經濟價值的油料作物中。

其根瘤具有固氮作用，因此《種植新書》載：“地不必肥，肥則根葉繁茂，結實少。”但在種子收藏和播種上“性畏寒，十二月中起，以蒲包藏暖處，至三月中種，須鋤土極鬆”（《戒庵老人漫筆》）；栽培管理上要求“橫枝取土壓之，藤上開花，花絲落土成實”（《物理小識》），“以沙壓橫枝，則蔓上開花”（《廣東新語》）；在收穫時要“掘取其根，篩出子，洗淨曬乾”（《中外農學合編》）。按照這種栽培方式，既費時又費工，大規模種植花生是不容易的，因花生種植規模無法擴大，種植技術在很長一段時間內並沒有多大的改良。

在美國大花生引進之後，引入了直立型的叢生花生，這種植株形態的花生種植方法簡單，易於收穫，適合規模化栽培。因此，在引種地山東的丘陵地區開始廣泛種植花生，並逐漸成為最集中的大花生種植區，可見今天山東產花生油的盛名頗有歷史淵源。中國的絕大部分地區均可以種植花生，花生因而成為快速傳播的經濟作物。在花生迅速傳播的同時，花生種植技術也不斷改良，長日照植物花生一年只收一季、不宜連作，但適合與各種糧食作物輪作，能夠實現雙贏。事實上花生的產量高於絕大多數的糧食作物，實乃救荒、榨油之佳品，當時出油率“花生百斤，可榨油三十二斤”（《撫郡農產考略》）。

當然，花生除了榨油之外，也是佐餐小品，深受國人喜愛。民國時期，花生已經成為一種平民食品，趙樸初說：“食此者，無階級之可言，茶餘酒際，莫不以此相餉。”花生食用更為精細化，在地域呈現上有南北差別，在不同城市中亦各有特色。如齊如山《華北的農村》所述：華北地區的花生食品有花生蘸、炸花生、鹹花生、鹹酥花生、炒花生、花生糖、花生醬、花生酥等，除花生醬因主要受西洋人喜愛而只有大城市售賣外，其他無論城鄉均有食用。南方地區的花生食品也十分豐富，如蘇州的花生："油裹氽的叫油氽果肉，用鹽水炒的叫鹽水果肉，吃酒吃粥，都是合宜；糖花生的種類很多，糖長生果，果球糖，糖果肉等。曾盛行過魚皮花生，現在更改良用西式的調味加入，於是有咖啡花生，可可花生，白塔花生等名菜，種類之多非其他雜食所及。"上海有滷殼花生、油氽果肉、果酥、花生糖、花生糕、鹽滷花生等，其中花生糖又分牛奶花生糖、菱角形花生糖、方塊花生糖、花生糖條、花生軟糖等，種類甚繁。隨著資本經濟發展，一些廠商開始註冊、生產花生食品，遠銷海內外，如重慶磁器口所產的椒鹽五香花生遠近聞名，經食品加工後遠銷上海、漢口等地，上海生和隆花生油廠等商家更是為其花生油產品申請註冊商標。

川菜一直是辣的嗎？

中國八大菜系，讓人印象最深的或許是川菜。川菜以其鮮豔的色澤、刺激的口味讓人難以忘懷，全國各地不愁找不到川菜館，即使是最偏僻的縣城也能發現它的身影。火鍋更是成了川菜的代名詞。

今天川菜的特色是八個字：麻辣鮮香、複合重油。那麼，川菜一直是辣的嗎？其實川菜最終是在清末民初形成的，此前雖然有川菜，卻不是今天意義上的川菜，其中最重要的不同就在於辣椒。

辣椒，起源於美洲，在明末傳入中國，浙江人高濂的《遵生八箋》第一次記錄了辣椒。提到吃辣，大眾第一反應肯定與四川相聯繫，但很難想象辣椒第一次出現在四川距今僅僅兩百多年。

那麼，在辣椒傳入之前的川菜是怎麼樣的？此前川菜的調味料，主要是蜀椒（花椒）和蜀薑，茱萸都用得較少。所以，以前川菜會有明顯的麻味和甜味，幾乎沒有辣味。另外，此前川菜主要以燉、煮、蒸為主，到了現在，小煎小炒則成為特色甚至是主流的烹飪方式。

大家熟悉的以回鍋肉、魚香肉絲、麻婆豆腐等為代表的川菜，則是在清末真正形成和流行的。所以動畫片《中華小當家》裏就有一個錯誤，主角劉昴星從他媽媽"川菜仙女"阿貝師傅那裏學到的各種川菜菜

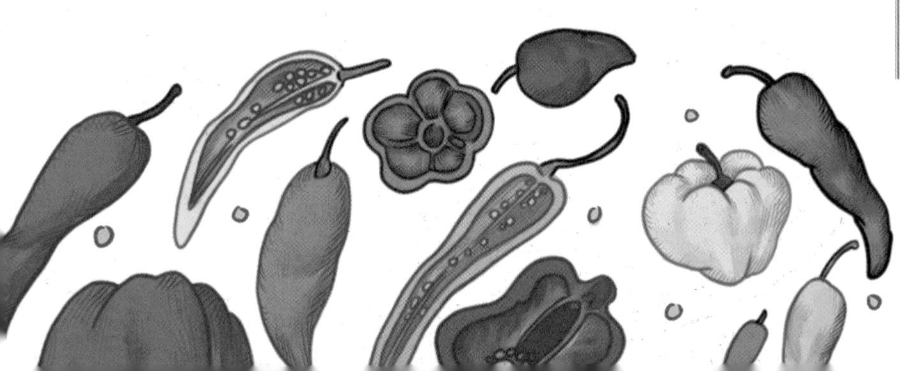

辣椒從最早被記錄於文獻中到“人皆嗜之”僅僅用了不到兩百年的時間，這說明辣椒作為一種新物種，不僅完美契合了中國人的飲食需求，而且對中國飲食文化是一個良好的補充，進而促進了其發展。

品在 19 世紀中期就流行了，這就不對了。

辣椒傳入之前，花椒、薑、蔥、芥末、茱萸是中國本土的辛辣用料，特別是茱萸為中國古代最常見的辛辣料。辣椒在明萬曆年間傳入浙江之後，最初是觀賞植物，但人們很快發現辣椒可以替代胡椒等調味品。不過東南地區沒有吃辣的傳統，所以辣椒沒有被重視。但是“東南不亮西南亮”，與西南的地理環境有關，由於人們迷信食辣可以“祛濕”，辣椒可以代替稀缺的鹽，辣椒可以幫助下飯，因此西南地區開始大量食用辣椒。

辣椒從浙江到湖南，以湖南為中心，再分別向貴州、四川、雲南等地傳播，與“湖廣填四川”的大移民潮流是吻合的。清康熙年間湖南已經出現辣椒，推測湖南是我國最先吃辣的省區，湖南人可能最先吃辣成性。

早在清康熙年間貴州也已經吃辣；乾隆年間四川才開始吃辣，川菜烹飪中最重要的調味品 —— 郫縣豆瓣出現在 19 世紀中期；最後是雲南。清末有一個叫徐珂的人說“滇、黔、湘、蜀人嗜辛辣品”，可見雲南人、貴州人、湖南人、四川人能吃辣在當時已經人盡皆知。俗話說：“湖南人不怕辣，貴州人辣不怕，四川人怕不辣，湖北人不辣怕。”辣椒傳入中國後，中國的飲食文化發生了巨大變化，形成了辣椒文化，也誕生了今天意義上的川菜。

辣椒品種繁多，適應味覺各異的食辣喜好。如：色彩鮮豔的彩椒不僅適合點綴餐盤，還可作為盆玩以供觀賞；體積碩大的燈籠椒、牛角椒可以鮮食爆炒；小如指尖的朝天椒可以調味、加工等。同時，辣椒加工方式多樣，利用率極高，可鮮食、可鹽漬、可醋泡、可乾製，並且可以磨製成辣椒碎、辣椒麵、辣椒粉等形態，同時可與其他食材混合，是辣椒油、辣椒醬等常見調味品的主要組成部分。

關於川菜，有人調侃“魚香肉絲沒有魚，夫妻肺片沒有肺，宮保雞丁非宮保”。其實，魚香肉絲曾經真的和魚有著密切關係，最早的魚香肉絲是要用“魚辣子”的，就是把鯽魚和紅海椒一起放在鹽水中浸泡成魚辣子。不過後來完全用泡魚海椒的並不多，一是麻煩，二是其增加的效果並不明顯。魚香味主要指在烹調中能夠產生一種烹魚的味道，並不在於是否用魚，既然沒有魚也能產生魚香味，為何還要用魚呢？夫妻肺片，這個“肺”最初不是肺，而是“廢”，是指成本低廉的牛雜碎、邊角料，如牛頭皮、牛心、牛舌、牛肚等。這道菜深受黃包車師傅、腳夫和窮苦學生的喜愛。後來漸漸流行開來，成為川菜名餚，菜名不知不覺流傳成了“肺”，所以夫妻肺片沒肺也不足為奇了。至於宮保雞丁與“太子少保”丁寶楨，或與一個叫“宮保”的太監的關係，純粹是民間傳說。

從西邊傳來的西瓜

西瓜是人們消夏避暑的必選果品，被譽為“夏果之王”，名列世界十大水果之列。不誇張地說，夏天就是西瓜的季節。

中國西瓜的起源問題從明代起就已有爭論。20 世紀 80 年代，又引起了學術界的極大關注，有人主張中國西瓜五代引種說，有人主張西瓜是中國原產。西瓜五代引種說所依據的最早記載“西瓜”的資料，是五代後晉胡嶠的《陷虜記》，被歐陽修的《新五代史・四夷附錄第二》所轉引：“自上京東去…… 隧入平川，多草木，始食西瓜，云契丹破回紇得此種，以牛糞覆棚而種，大如中國冬瓜而味甘。”推測為 924 年契丹人首先得到西瓜。這一說法已經被 1955 年考古工作者在內蒙古赤峰市敖漢旗羊山發現的遼墓壁畫中的“西瓜圖”所證實，壁畫中一個遼代的大官坐著，下面有幾個侍女，端著幾個西瓜。西瓜在五代的時候剛傳過來，壁畫上就有了。西瓜中國原產說，主要是依靠對前代文獻資料的解讀，比如認為“寒瓜”“五色瓜”等都是西瓜的別稱。

越來越多的考古資料證明，西瓜起源於非洲的中部和南部。1857 年，英國探險家里溫斯頓（David Livingstone）在非洲南部的博茨瓦納的卡拉哈里沙漠及其周邊的薩巴納熱帶草原邊緣地帶，發現了多種野生西瓜群落；根據古埃及保存的繪畫，西瓜的栽培也可追溯到距今五六千年前的時代。而在中國，完全沒有西瓜的野生種被發現，因此，僅依靠

西瓜在中國的傳播，經歷了北國立足、西瓜南渡、南北並進和全面發展四個階段，成功融入了傳統飲食文化體系。西瓜是一種跨越所有飲食文化階層的優質食品。

文獻資料的解讀是不能證明西瓜起源於中國的。

總之，西瓜應是唐代末期進入中國。越來越多的考古資料證明，西瓜起源於非洲東北部的蘇丹和埃及，距今也有五六千年的歷史了。從西方傳入中國，於是叫作“西瓜”。西瓜從非洲經過了絲綢之路，先到蒙古地區，再從蒙古進中原。所以 1991 年考古工作者在西安市東郊田家灣唐墓葬發掘出土的“唐代三彩西瓜”，可能並非西瓜，而是疑似西瓜的甜瓜。

江南地區開始出現西瓜則是在 1143 年之後，由南宋官員洪皓從金國帶回種子。隨後西瓜逐步向南傳播。南宋初年，西瓜的種植在中原及長江流域逐步推廣，到南宋中後期，西瓜已在江南地區普遍種植，而且經過長期的培育與傳播，西瓜的品種也逐漸增多。湖北恩施還有一個西瓜碑，碑上記載著當時都有哪些西瓜品種。西瓜真正大規模在中國傳播是在元代，紅瓤西瓜由元朝軍隊從西方引入。

西瓜剛傳入中國的品種，屬於大型瓜，瓤為白色或淡黃色，並不好吃，不像今天又甜又水潤。但是西瓜對土壤的適應性較好，各種土質均可進行種植，特別是土層深厚、排水良好、肥沃疏鬆的沙壤土最為理想。這一屬性決定了西瓜更容易在河流沿岸種植，大江大河旁邊往往成為最先種植西瓜的地區，以河流兩側的西瓜區域為中心，西瓜種植再逐步向外擴張。

西瓜品種眾多，再加上引入後數百年的自然選擇導致品種分化。從元代開始，各地方志所記載的西瓜品種達 50 餘種。不單培育出了今天我們以食用瓜瓤為主的西瓜，還有專門以食用瓜子為主的西瓜。

最初的西瓜品種瓜子特別大，當時的人吃西瓜就要吃西瓜子。從西瓜傳入中國以來，西瓜子的地位一直非常高，是中國人的主流零食。至遲從宋代開始，就已經有吃西瓜子的記載。當然，產生黑瓜子的西瓜不是普通西瓜，而且籽用西瓜通常被稱為打瓜、瓜子（籽）瓜等。在清代之前，只要提到瓜子，都是西瓜子。《金瓶梅》《紅樓夢》等明清小說中經常提到潘金蓮、林黛玉等人嗑瓜子，她們吃的其實都是西瓜子，因為那時候還沒有葵花子，現在流行吃的葵花子都是 1949 年之後的事了。

除了吃西瓜子之外，中國人食用西瓜的方式方法多種多樣，它既可解渴生津，又可果腹充糧，直接生食、加工熟食皆可，皮、瓤都可以用來做成醬菜。

西瓜是上等的清暑、解酒佳品，被稱為“天生白虎湯”，食用前如果先浸入冷水中鎮上一段時間，感覺更是妙不可言。古代官宦富貴人家，食用切開的西瓜，尤其是招待重要客人時，就連盛放西瓜的盤碟都十分講究。

生食之外，西瓜還是烹飪加工熟食的重要食料。清代就記載它可以被用來烹煮豬肉、做西瓜蒸雞，西瓜盅更是慈禧太后和光緒皇帝喜歡吃的名菜。民國時期，又出現了一種新奇的西瓜食用方法，就是用油炸著吃。歷史上，生吃、熟烹之外，人們還把西瓜加工成西瓜膏、西瓜糕、西瓜醬、西瓜酒等。

西瓜還是元旦、春節、端午、薦新、立秋、七夕、中秋等多個傳統歲時節日中必不可少的果品，是一種與傳統文化、飲食文化密切相關的優質食品。

南瓜“征服”世界

今天很多人都不知道南瓜是外來的。比如在福建少數民族佘族中流傳著一個創世神話，故事繪聲繪色地描述佘族祖先的來源，竟然是從南瓜裏面蹦出來的。在佘族的方言裏，南瓜叫“旁肯”，跟英語的“pumpkin”發音幾乎一樣。這說明創世神話完全是後人虛構的一個故事，同時也說明南瓜已經完全融入了當地的民族文化。

其實，南瓜起源於美洲，可能是秘魯、墨西哥一帶。南瓜在中國的產地不同，叫法各異，“南瓜”無疑是這個作物最廣泛的叫法。南瓜是中國重要的蔬菜作物，是中國菜糧兼用的傳統作物，種植歷史悠久，經由歐洲人間接從美洲引種到中國，已有500餘年的歷史。目前中國是世界南瓜的第一大生產國和消費國，南瓜的種植面積很廣，全國各地均有種植，產量很高。南瓜除了作為夏秋季節的重要蔬菜外，還有其他諸多妙用。

南瓜在新世界

南瓜在美洲的歷史至少可以追溯到前3000年，南瓜的多樣性中心，從墨西哥城南經過中美洲，延伸至哥倫比亞和委內瑞拉北部。最新研究發現南瓜“祖先種”不但超苦，還有堅硬的外殼，苦味來源於名為

葫蘆素（cucurbitacins）的防禦性化學物質。只有極少數的大型哺乳動物能食用該類果實，只有牠們龐大的身軀方能代謝這種毒素。科學家在3萬年前的乳齒象糞便中就發現了南瓜屬植物的種子。如此，南瓜野生種存在的歷史還將大大提前。因此，南瓜主要依賴猛象這樣的大型動物來破殼，並傳播種子，當巨獸消失時，其數量一度嚴重下滑。將古老南瓜野生種與現代南瓜進行基因比對發現：在近1萬年的歷史中，野生南瓜屬植物的規模正在不斷收縮、碎片化。幸好，某些古老的採集狩獵者們逐漸學會了挑選技巧，專門收集微苦或者苦味尚能忍受的南瓜祖先，食用了這些南瓜的人又將其種子排出體外，偶然間就種出了可口的南瓜屬植物。

南瓜是美洲作物中的"急先鋒"。

印第安人一般在沿溪流地帶把南瓜同菜豆、向日葵一起栽培，這種間作套種的方式持續了很長時間，直到玉米的大面積栽培後來居上，替代了向日葵。南瓜與菜豆、玉米形成了栽培傳統（"Three Sisters" tradition），南瓜與菜豆、玉米並稱前哥倫布時代的美洲三大姐妹作物。"三姐妹"是三者共生的一種狀態，它們同時生長與茂盛：玉米為大豆提供了天然的格子棚（natural trellis）；大豆固定土壤中的氮元素以滋養玉米，豆藤有助於穩定玉米秸稈，尤其在有風的日子；南瓜為玉米的淺根提供庇護，還可以防止地面雜草生長並保持水分。三者形成的共生關係是一種典型的可持續的農業。16世紀的歐洲旅行者的報告中也說，印第安人的農田中到處種植著南瓜、玉米和菜豆。三大姐妹作物也被稱為三大營養來源。

在哥倫布到達美洲之前，南瓜已經是美洲印第安農業的主要農作物，印第安人對南瓜的生產和利用都已經達到了相當的水平。印第安人把南瓜條放在篝火上烤後食用，作為主要食物來源，幫助他們度過寒冷的冬天；印第安人吃南瓜的種子，南瓜種子也可以作為藥材；印第安人更愛吃青南瓜或小南瓜，成熟後的老南瓜或大南瓜他們有時只吃瓜子或只留種子，而不吃果肉；南瓜花可以加到燉菜裏面，乾南瓜可直接存儲或磨成粉，南瓜殼被用來儲存穀物、豆類或種子；切成條的乾南瓜肉，甚至可以編織成墊子；還可用南瓜肉製成飲料飲用。

1492 年 9 月到 1493 年 1 月，哥倫布完成了第一次航行。其間，哥倫布就有可能發現了南瓜。如果沒有南瓜，許多早期歐洲探險家就可能餓死。歐洲殖民者為了烹飪南瓜而設計的一種方法：把南瓜的一端切掉，把裏面的種子去掉，用牛奶填充南瓜空腔，然後烘烤，直到牛奶被吸收 —— 這是南瓜派的先驅。

直到 1621 年，北美麻薩諸塞普利茅斯的早期移民 —— 清教徒認為，如果沒有南瓜，他們就將死於飢餓，這正是北美感恩節的由來。清教徒感謝印第安人提供南瓜的原因，一方面因為小麥、玉米不是那麼可靠；另一方面，南瓜作為一種非常有營養的食物能夠保證他們存活過許多個冬季。因此，在那個時代就有詩文歌頌南瓜：

For pottage and puddings and custards and pies
Our pumpkins and parsnips are common supplies,
We have pumpkins at morning and pumpkins at noon,
If it were not for pumpkins we should be undoon.

——Pilgrim verse, circa 1630

南瓜在舊世界

歐洲探險者把南瓜種子帶回歐洲後，最初將其用來餵豬，而不是作為人類食物的來源，只限於庭園、藥圃、溫室栽培，供飼料、觀賞、研究、藥用。由於歐洲氣候涼爽，適宜南瓜生長，所以引種後迅速普及。19 世紀末期馬其頓的典型村莊景致一般無二 —— 四周環繞著玉米田，園子裏長滿了南瓜一類毫不浪漫的蔬菜。塞爾維亞的一個村落的少數蔬菜中也有南瓜的存在。

南瓜經由歐洲人之手傳遍世界各地，由葡萄牙人、西班牙人先帶到南亞、東南亞。1541 年由葡萄牙船從柬埔寨傳入日本的豐後或長崎，取名"倭瓜"。南瓜是在 16 世紀初期由葡萄牙人或南洋華僑首先引種到中國東南沿海的廣東、福建，稍晚南瓜從印度、緬甸一帶傳入雲南。由此，南瓜迅速在中國內地推廣。

與其他美洲作物相比，南瓜最突出的特點就是除了個別省份，基本上都是在明代引種的。17 世紀之前，除了東三省、台灣、新疆、青海、西藏，其他省份的南瓜種植均形成了一定的規模。入清以後，南瓜在各省範圍內發展更加迅速，華北地區、西南地區逐漸成為南瓜主要產區。當然，南瓜同時也具有觀賞、供佛等諸多妙用，甚至南瓜在傳入之初也並不一定便作食用。南瓜成為"哥倫布大交換"中的急先鋒，最早進入中國且推廣速度最快，作為救荒作物影響日廣。箇中要義在於南瓜是典型的環境親和型作物，高產速收、抗逆性強、耐儲耐運、無礙農忙、不與爭地、適口性佳、營養豐富等。國人對新作物南瓜的接受體現了其求生心態、求富心態與包容心態。

在鴉片毒害人民的時代，中國人曾有一個驚人的發現：吃南瓜就不想抽大煙了。關於南瓜可以治療鴉片煙癮的史料記載非常多，最早可能見於吳其濬《植物名實圖考長編》："南瓜向無人用藥者，近時治鴉片癮，用南瓜、白糖、燒酒煮服，可以斷癮云。"當然，是否真的有用，我們不得而知。李圭在《鴉片事略》中大篇幅說明了南瓜加工過程，他認為南瓜治療煙癮不但效果極佳，而且加工技術並不複雜，加之"取之不窮"，所以是"不費之惠"。林則徐甚至將此事專門上表朝廷。

近代以來，華工大量出國謀生，他們一批批乘坐輪船漂洋過海。這些滿載華工的越洋輪船被稱為"浮動地獄"，而南瓜就是這"浮動地獄"中的救命稻草。華工出國總會攜帶幾個大南瓜，南瓜不但可以果腹充飢和補充水分，更為重要的是可以在幾個月的遠洋航行中保持不壞，能夠持久利用，可謂與華工的命運息息相關。

中華人民共和國成立後，南瓜產業發展有序而規範。在"大躍進"時期，人們對種植南瓜十分狂熱，但是種植南瓜並不像"大煉鋼鐵""大辦工業"等造成了許多惡劣後果，反而因為南瓜種得多，在三年困難時期不知道挽救了多少民眾的生命。1959 年，全國性大饑荒爆發之後，廣大人民以瓜果蔬菜和野果野菜充飢，稱為"瓜菜代"。緊接著國家也採取"低標準，瓜菜代"的措施，一方面降低城鄉人口的吃糧標準，一方面大力生產瓜果、蔬菜和代食品，這是當時整個社會求生存、想活命者的必然趨勢。南瓜因高產、速收、可存放時間長，在困難時期突出展現了救荒價值，可以說"瓜菜代"中的瓜主要就是指南瓜。改革開放以後，尤其是 20 世紀 90 年代以來，南瓜產業再次煥發生機。

古人怎麼吃南瓜？

南瓜源自美洲大陸，自 16 世紀初期傳入中國以來，在大江南北的種植和利用已經有 500 多年的歷史，中國也已成為當今世界上最大的南瓜生產國、消費國和出口國。南瓜果實形狀或長圓，或扁圓，或如葫蘆狀；果皮色澤或綠，或墨綠，或紅黃，品名繁多。作為中國重要的菜糧兼用作物，南瓜的傳統加工利用方式、方法多種多樣，體現出中華飲食文化的精彩。

煮食作羹

在南瓜傳入之初，較早從東南海路引種南瓜的是浙江省。田藝蘅《留青日札》指出：“今有五色紅瓜，尚名曰番瓜，但可烹食，非西瓜種也。”可見國人在南瓜傳入不久就發現南瓜可烹食，不可生食。

明代李時珍《本草綱目》始將南瓜收入菜部，並載：“其肉濃色黃，不可生食，惟去皮瓤瀹食，味如山藥。同豬肉煮食更良，亦可蜜煎。”可見煮食南瓜應是最早也是最基本的食用方式。

比《本草綱目》成書稍晚的《二如亭群芳譜》記載，南瓜“煮熟食，味面而膩；亦可和肉作羹……不可生食”，也是南瓜的基本食用方法，不過不僅限於煮食了，“亦可和肉作羹”。類似記載在方志中沿襲較多，農書中多有轉引。也有用南瓜單獨做羹的記載，清同治《榮昌縣志》說南瓜“堪作菜羹”，光緒《岫岩州鄉土志》載，倭瓜“味甘性寒，可作羹茹”。

蒸食

蒸食在今天依然是烹飪南瓜的主要方法之一。清人高士奇《北墅抱甕錄》說，南瓜愈老愈佳，適宜用蘇軾煮黃州豬肉的方法，“少水緩火，蒸令極熟，味甘膩，且極香”。意思是用小火將老南瓜蒸得爛熟，味道極其香美，這不單是為了果腹，更多的是一種生活享受，較早地詮釋了南瓜烹飪文化。清光緒《彰明縣鄉土志》載：“南瓜，和豬肉食補中益氣，土人切片曬乾和肉蒸食，味甚佳。”這是將南瓜切片曬乾後和肉蒸食。

南瓜蠱

清乾隆三十年（1765）之前成書的《調鼎集》載：“南瓜瓤肉，揀圓小瓜去皮挖空，入碎肉、蘑菇、冬筍、醬油，蒸。”就是把小圓南瓜的瓤和子掏掉，在裏面裝上碎肉和其他蔬菜，蒸熟食用。這種新創的南瓜食用方式，就是今天南瓜蠱的雛形。

南瓜圓（糰）

清末薛寶辰的《素食說略》是一部素食譜，其中記載了南瓜圓和南瓜的其他幾種烹飪方法：“倭瓜圓，去皮瓤，蒸爛，揉碎，加薑、鹽、粉麵作丸子，撲以豆粉，入猛火油鍋炸之，搭芡起鍋，甚甘美。”“倭瓜圓”也就是我們今天說的南瓜丸子。書中還說：把南瓜切成細絲，加入香油、醬油、糖、醋烹炒，特別可口；把老南瓜去皮切塊，用油炒

南瓜在城市和鄉村的主要食用方式頗為相同，多是簡單地蒸食、煮食，或加工為“南瓜糰”“南瓜糕”“南瓜派”“南瓜粥”等大眾食品。在活躍於城市地區的文人名士眼中，南瓜有著精緻的烹飪方式。南瓜的不同食用方式既是分劃不同社會群體的一種標準，也是部分社會群體自我標榜的一種方式，古今皆同。

過，加入醬油煨熟味道也很好。

類似南瓜丸子的食用方式在方志中有更多體現。清光緒《周莊鎮志》載："南瓜，可和米粉作糰。"這種"南瓜糰"是我們前文提到的南瓜丸子的簡化版，普通百姓製作南瓜丸子不可能像《素食說略》中採用那麼複雜的加工工序。同治《湖州府志》記載："可煮可炒或和米粉作餌曰番瓜圓子，或和麥麵油煠曰番瓜田雞。"這種加工方式已經是一般人家的極限。

蜜漬

王士雄《隨息居飲食譜》載："蒸食味同番薯，既可代糧救荒，亦可和粉作餅餌，蜜漬充果食。"這裏還提到了將南瓜蜜漬，可作水果點心、餐後甜點，南瓜在如今的大型宴會中多用於此，足登大雅之堂。

拌海鮮

袁枚《隨園食單》載："將蟹剝殼，取肉取黃，仍置殼中，放五六隻在生雞蛋上蒸之，上桌時完然一蟹，惟去爪腳，比炒蟹粉覺有新色，楊蘭坡明府，以南瓜肉拌蟹，頗奇。"夏曾傳《隨園食單補證》載："南瓜青者嫩，老則甜，以葷油、蝦米炒食為佳，蒸食以老為妙。"分別介紹了南瓜拌蟹、南瓜和蝦米一同炒食，足見南瓜可與海鮮一起搭配食用，具有視覺衝擊力的同時也別有一番滋味。

素火腿

王學權《重慶堂隨筆》載："昔在閩中，聞有素火腿者。云食之補土生金，滋津益血。初以為即處州之筍片耳，何補之有？蓋吾浙處片，亦名素火腿者，言其味之美也。及索閱之，乃大南瓜一枚。蒸食之，切開成片，儼與蘭熏無異，而味尤鮮美。疑其壅氣，不敢多食，然食後反覺易餒，少頃又盡啖之，其開胃健脾如此。因急叩其法，乃於九、十月間收絕大南瓜，須極老經霜者，摘下，就蒂開一竅，去瓢及子，以極好醬油灌入令滿，將原蒂蓋上封好，以草繩懸避雨戶簷下，次年四、五月取出蒸食。名素火腿者，言其功相埒也。”大篇幅地介紹了以南瓜為主料的“素火腿”的來源、特點、製作工藝等，可知南瓜味美、可塑性強，經過一定的加工，可與著名金華火腿——蘭熏相媲美，也是一奇。

南瓜子

南瓜子是非常流行的零食，對其記載非常之多。《清稗類鈔》就載：“南瓜，煮熟可食，子亦為食品。”南瓜子是重要的流通商品，在中國台灣，王石鵬在《台灣三字經》特產介紹中有“蒟醬薑，番瓜子，及龍眼，枇杷李”之說。《紅樓復夢》《宦海鐘》《二十年目睹之怪現狀》等文學作品中也均有提及，南瓜子流行程度可見一斑。方志中記載更多，清同治《郅志補》載：“子可炒食運售亦廣。”光緒《彰明縣鄉土志》載：“子，市人腹買炒乾作食物。”以及“子亦為食品”（宣統《蒙自縣志》）、“子可炒食”（光緒《銅梁縣鄉土志》）、“子亦可食”（光緒《富陽縣志》）等。雖然南瓜子也可煮食，但炒食更佳，因此炒食成為唯一的加工方式，南瓜子與西瓜子、葵花子三分天下。

南瓜糕（餅）

清同治《上海縣志札記》載：“飯瓜，鄉人藏至冬杪和粉製糕名萬年高。”隨著人們對南瓜認識的深入，南瓜糕被賦名“萬年高”，具有步步高升的文化意象。光緒《諸暨縣志》載“村人取夏南瓜之老者熟食之，或和米粉製餅名曰南瓜餅”，可見今天非常普遍的特色食品——南瓜餅的名稱源於光緒年間。當然，南瓜餅的類似產物早在康熙《杭州府志》中就有記載，“南瓜，野人取以作飯，亦可和麥作餅”，而光緒《諸暨縣志》是第一次為其定名。嘉慶二十三年（1818）成書的食譜《養小錄》記載的“假山查餅”，其實就是南瓜餅的雛形：“老南瓜去皮去瓤切片，和水煮極爛，剁勻煎濃，烏梅湯加入，又煎濃，紅花湯加入，急剁趁濕加白麵少許，入白糖盛瓷盆內，冷切片與查餅無二。”《養小錄》是顧仲借鑒楊子建的《食憲》〔康熙三十七年（1698）〕，錄其有關飲食內容，結合自己的經驗而成書，所以同樣可以追溯到康熙年間。

南瓜粥

清光緒《 縣志》載：“倭瓜，煮粥佳，獨食亦可。”也就是我們今天常見的南瓜粥。南瓜還可和其他作物一同作粥，光緒《遵化通志》載：“熟食味麵而甘，可切塊和粟米、黍米、江豆、炊飯作粥……子可炒熟煎茶。”宣統《文水縣鄉土志》載：“南瓜亦稱倭瓜，有長圓扁圓二形，宜和小米作粥，瓜子仁炒食。”歷史上最早對南瓜粥的記載是清中期詩人汪學金的詩作：“番瓜粥，是物嘗關歲，豐來掛蔓疎，命慳無過我，年有莫忘渠，佐飯終停箸，為糜得省蔬，俗言能發病，病豈有飢如。”詩中可知南瓜的利用方式，南瓜粥亦可以“佐飯”“省蔬”。在我國最早的一部藥粥專著《粥譜》中，南瓜亦佔有一席之地，位列 247 個粥方之一：“南瓜粥，填中悅口京中謂之倭瓜。”準確地看出了南瓜粥作為藥膳的價值。

南瓜脯

清道光《宣平縣志》介紹了南瓜脯："不可生食，烹味如山藥，同豬肉煮更良，亦可蜜煎蒸熟曬乾，謂之金瓜脯。"南瓜脯是南瓜在蜜煎蒸熟後曬乾的自然形態，增加了南瓜的保存時間。

南瓜的其他部分

南瓜渾身是寶，老果、嫩果、葉柄、嫩梢、花、種子均可供人食用，並且食用方式多樣。包世臣《齊民四術》指出南瓜"以葉作菹，去筋淨乃妙"，就是利用南瓜葉作為食料。清同治《邳志補》載"深秋晚瓜青嫩，切為絲片灰拌陰乾俗曰瓜筍，嫩莖去皮瀹為菹俗曰富貴菜，莖老練以織屨及縲作絲為條紃等物"（嫩莖被稱為富貴菜，老莖可以作為植物纖維紡織），可見南瓜莖的妙用。南瓜花亦可食用，清末何剛德《撫郡農產考略》載："花葉均可食，食花宜去其心與鬚，鄉民恆取兩花套為一捲其上瓣，泡以開水鹽漬之，署日以代乾菜，葉則和莧菜煮食之，南瓜味甜而膩可代飯可和肉作羹。"總之，南瓜全身是寶，除果實以外的其他部分，經過一定的處理，味道更佳。

救荒

我們最後闡述南瓜的救荒作用，因為這是南瓜在傳統社會中最重要的作用。或許救荒用的南瓜沒有講究烹飪方式，但是作為糧食儲備的南瓜在救荒、備荒方面絕對是平民百姓最常見的食物。南瓜栽培容易，產量很高，含有較多的澱粉和蛋白質，味道甘美，便於運輸，耐儲藏，其救荒作用格外引人注目。在"凶歲鄉間無收""貧困或用以療飢"之時，南瓜可謂救荒佳品。這個時候南瓜不是以瓜菜的身份被加工、利用，而是單獨作為食用糧食。清代以降，在對南瓜加工、利用的介紹中都會首先提到“代糧救荒”，其次才是其他利用方式。

在明清時期，南瓜與傳統作物相比可以說是全新的作物。以京畿地區為例，儘管南瓜是在 16 世紀中期傳入，但成書於 1578 年的《本草綱目》已經對南瓜的食用有了較全面的認識。入清以後，對南瓜食用的總結更是在全國範圍內如雨後春筍般接連誕生，形成了一整套食用體系，其速度之快、利用之全面，讓人歎為觀止。其中原因，除南瓜推廣、普及速度較快，引起了人們的重視之外，更為重要的就是我國古代勞動人民的偉大智慧，對南瓜的各種特性詳加觀察，充分發揮創造性思維，實驗並總結，才造就了如此豐富的南瓜食用技術、方式。明清時期對南瓜加工、利用的基本成就和技術經驗，即使在今天看來仍有借鑒意義，成為我國寶貴的農業遺產的一部分。

中國的"南瓜節"

南瓜的引種和本土化形成了具有中國特色的民俗文化，也成為中國文化和農業文化遺產的組成部分——其中以各地區的"南瓜節"最有特色。不同歷史時期不同地區形成的多姿多彩的南瓜民俗，是一種典型的民眾造物過程。在中國各地區的南瓜節中，我們看到南瓜作為一種禮儀標籤被加以使用，我們或許可以根據"逆推順述"的方式洞悉這種"結構過程"。

毛南族南瓜節

農曆九月初九是嶺西毛南族的"南瓜節"。在這一天，家家戶戶把從地裏收穫的形狀各異的大南瓜擺滿樓梯，供人觀賞，由年輕人到各家走門串戶，評選出"南瓜王"。評選過程不單要看外觀，還要看質地，待眾人意見達成一致選出"南瓜王"後，主人掏出瓜瓤，把南瓜子留作來年的種子，然後把瓜切成塊，放進煮有小米粥的鍋裏，用文火煮得爛熟後，先盛一碗供在香火堂前敬奉"南瓜王"，爾後眾人一齊享用。毛南族的南瓜節與當地的敬老傳統很好地結合在了一起。

侗族南瓜節

農曆八月十五是廣西壯族自治區三江程陽一帶侗族的南瓜節，主要活動是兒童打南瓜仗。節日前夕，由少男少女自由參加，分別組成南瓜隊和油茶隊。由少男組成的南瓜隊第一個任務是偷南瓜，為打南瓜仗做準備。偷南瓜活動會在晚上進行：看到菜地裏的南瓜，摘下一個瓜，在那裏插一朵花，以示主人瓜已被偷，當地人都認為在南瓜節偷瓜不算偷，等南瓜隊備足了南瓜，就去找煮茶對象。負責煮茶的稱為油茶隊，由少女組成。節日當天，南瓜隊抬著串好的南瓜與油茶隊集合，全村老少都趕來觀賞，爭相去摸南瓜——以摸到南瓜為吉利。晚上人們煮吃南瓜、喝油茶，茶足飯飽後開始投入打南瓜仗的戰鬥，嬉笑打鬧，通宵達旦。

惠州南瓜節

廣東惠州惠城區蘆洲鎮東勝村的南瓜節在每年的農曆二月十三舉行，俗稱“金瓜節”。這一天是先祖趙侯爺的誕辰，村民們會在這天舉辦祭祖活動來祭奠祖先，該祭祖活動在 2013 年就已經入選市級非物質文化遺產項目。祭祖活動的全部事項由村民自發操辦。開場儀式過後，還有進村巡遊環節，巡遊環節每三年一次，當巡遊隊伍經過自家門前時，各家各戶都會燃放鞭炮、懸掛彩旗慶賀。南瓜節是這裏一年中最熱鬧的節日，村裏人甚至比過春節還要重視，為此村裏專門推舉出一群熱心又德高望重的村民，成立了理事會，負責具體籌備、操辦節日事項。村民們也很踴躍——現場助興的舞獅隊、鑼鼓隊都是村民自發組織的。

而南瓜節也早已變成村裏人回鄉聚會、探親訪友的好機會。在南瓜節期間，外出村民紛紛回鄉拜親祭祖，村民們還捐款捐物，支持家鄉的公益事業建設。

遼西南瓜節

在遼寧西部（巫閭山山脈）地區多稱南瓜為窩瓜，農曆十月二十五為窩瓜節（老窩瓜生日）。與上文南瓜節的熱鬧非凡相比，這裏的南瓜節更加樸素、平實、低調，或許與當地山裏人簡單惜物、不喜花哨的品性有關。南瓜節這天，每家必吃南瓜，人們認為這樣可免災、強體禦寒、多子多福。特別是由於當地冬天屋子裏不通風，生病往往連帶，俗稱“窩子病”，所以靠窩瓜來防病。當然，冬季可食用蔬菜不多，用南瓜來果腹也是自然而然的。平日南瓜是人們飯桌上的常菜，但到了南瓜節這天，就得做出另一番滋味才顯得鄭重。其實，遼西走廊不僅是遼寧乃至東北引種南瓜最早的地區，也是東北近代以來南瓜分佈最廣、栽培最多的地區。當地能夠誕生這種關於南瓜的儀式感，也就不奇怪了。

這些南瓜節多數均與地方社會的起源、中興有關，所謂的“很久以前”“600 多年前”等其實均是建構的，是對歷史的形塑。我們很容易前推到這些南瓜節有歷史可證的起點，如清道光時期的文人王培荀在《聽雨樓隨筆》中記載：“嘉定有南瓜會，或數年或七八年，忽南瓜中結一最巨者，集眾作會賽神，沈玨齋曾見之長約二丈，橫臥高五六尺，觀者駭絕。”可見上海嘉定的“南瓜會”或許是中國最早的南瓜節。

萬聖節的節日風俗包括“傑克南瓜燈”的傳說，是從國外傳入中國的。隨著西方文化的傳入，西方節日文化為國人所了解，與萬聖節密切相關的南瓜燈也不再陌生，成為一種文化符號融入本土文化。南瓜燈製作的簡潔性和參與的趣味性使其很早就走進了人們的生活。筆者最早所見關於南瓜燈的記載是民國時期的圖文滑稽故事《番瓜救了小松鼠》（《兒童知識》，1947 年第 15 期），圖中的南瓜樣貌與南瓜燈別無二致；而民國時期在河北省《沙河縣志》中記載南瓜“遇有婚喪可用以作蔬”，南瓜作為別樣的婚喪文化代表，或許是中外南瓜節交叉的起點（死亡文化）。

中國一些少數民族將南瓜融入了其起源神話中。

何為“北瓜”？

何為“北瓜”？早有學者指出該名稱既是現代科學分類上的北瓜（*Cucurbita pepo* L.var. kintoga Makino.），也可能是南瓜、冬瓜、打瓜（瓜子瓜）的別名或西瓜的一個品種名。我們在其基礎上進一步細化：在全國大部分地區，尤其是北方地區，“北瓜”都是南瓜的別稱；作為觀賞南瓜的情況也有一些，主要集中在東南地區；作為筍瓜、打瓜等的情況相對較少。

“北瓜”悖論

在追溯北瓜出現的源頭，尋求其原初的情景和本義時，我們見到一種新的觀點：“南瓜應是扁圓形，北瓜則多呈葫蘆形，成熟的南瓜或黃或紅，而北瓜皮色多為深綠或像西瓜一樣有條紋；南瓜應是首先落腳在南京一帶，最初在以南京為中心的地區逐步傳開；北瓜則應是首先落腳於京畿地區，最初在以北京為中心的地區盛傳。”等於說將“北瓜”從屬於南瓜的葫蘆形、深綠色品種，此說尚待考證。

誠如南瓜一般，“北瓜”古之未有。“北瓜”一詞最早出現在明嘉靖四十年（1561）《宣府鎮志》和嘉靖四十三年（1564）《臨山衛志》，且與“南瓜”並列記載，因宣府鎮和臨山衛相去甚遠，可將兩地均視為中國“北瓜”的原生地。兩地同時出現了與“南瓜”不同的東西卻被命名為“北瓜”，如果“北瓜”首先落腳於京畿地區，嘉靖《臨山衛志》以及其他南方方志中的“北瓜”是什麼呢？

縱然“北瓜”在後世所指增多，但是我們相信“北瓜”誕生之初是與南瓜有千絲萬縷的聯繫的。真實的情況是，原生之“北瓜”就是南瓜所有品種的一個總括代稱（這就與“南瓜”並無二致了），或是南瓜的一個品種（葫蘆形、深綠色）的別稱或是筍瓜。三種可能性的機會是均等的，在不同時空下，其作用方式、程度與主次關係又各有不同。清代以降，又增加了北瓜是觀賞南瓜、冬瓜、打瓜（瓜子瓜）的別名或西瓜的一個品種名的說法，更讓人莫衷一是了。上文學者觀點所說的情況，僅是“北瓜”眾多含義的一個指向。

“北瓜”之真意

“北瓜”，顧名思義，就是來自北方的瓜。而中國不同歷史時期的政治中心一直在北方地區，這個“天地之中”本身偏北，外來的瓜種叫“南瓜”“西瓜”“東瓜（冬瓜）”都有其合理性，“北瓜”則成了瓜類命名的視覺盲區，所以夏緯瑛在《植物名釋札記》中認為本無“北瓜”之名，古人欲以瓜從四方之名，強出一“北瓜”之名。在這個意義上，“北瓜”是概念化新型瓜類的指向，是人民對未知事物的一種隱喻，而不能單純將之“對號入座”到某一種瓜類或某瓜的某一品種。

問題是，如果說“北瓜”最早（如明代）指代某個品種，是否就可作為“北瓜”最初含義的定論？我們認為是否定的。因為“北瓜”一詞從來流行不廣，如清道光年間《武緣縣志》載“北瓜今未之聞”，在歷史上指向混亂，從來就沒有取得過共識，民間眾說紛紜、自說自話。1949 年之後雖對“北瓜”有過界定，也根本沒有普及，是我們今天的混亂之源。

所以，即使清代、民國“北瓜”出現了新的含義，也不能說就與“北瓜”最初的內涵相悖。由於語言、民俗、交通等信息交流的桎梏（這種情況今天也存在），國人並不清楚更早些時候和其他地域“北瓜”的情況，加之古代尚無科學的鑒別法和分類法，即使後人發現命名錯誤或重複命名的現象，也已經形成了“傳統”，文獻中才會出現所指“北瓜”五花八門的現象。要之，“北瓜”最初真正的含義更多是一種象徵意義，而不是具體到某種瓜類，人們只是將一些不認識的瓜命名為“北瓜”。

其他瓜類如冬瓜、西瓜、黃瓜等傳入中國日久，即使仍有極少數地區認知不清，但相對來說民間總體認知度還是較高的，一般不會混淆該瓜的稱謂。換言之，西瓜、冬瓜等瓜類的命名已經定型，雖然有諸如“寒瓜”“東瓜”等別稱充斥其間，大家也能做到心中有數。但是南瓜則不然，16 世紀初葉方被引入中國，即使有李時珍等人“保駕護航”，但畢竟是新鮮事物，加之知識和時代局限，不少人對南瓜的來源抱以疑問。更重要的是，號稱“多樣性之最”的南瓜種形、顏色實在是差異太大（果實的形狀或長圓，或扁圓，或如葫蘆狀，果皮的色澤或綠或墨綠或紅黃），基因庫太過豐富且極易發生變異，會增加國人認識的難度（即使是今天，我們要識別南瓜與筍瓜也要從莖、葉、花、蒂等多方面入手）。

概言之，古人在將個別非典型南瓜命名為“北瓜”時，其實並不知它就是南瓜，才會造成“南瓜”“北瓜”並列的現象，所謂的“葫蘆形、深綠色品種”就屬於這一情況。那麼明代的“北瓜”除了是葫蘆形、深

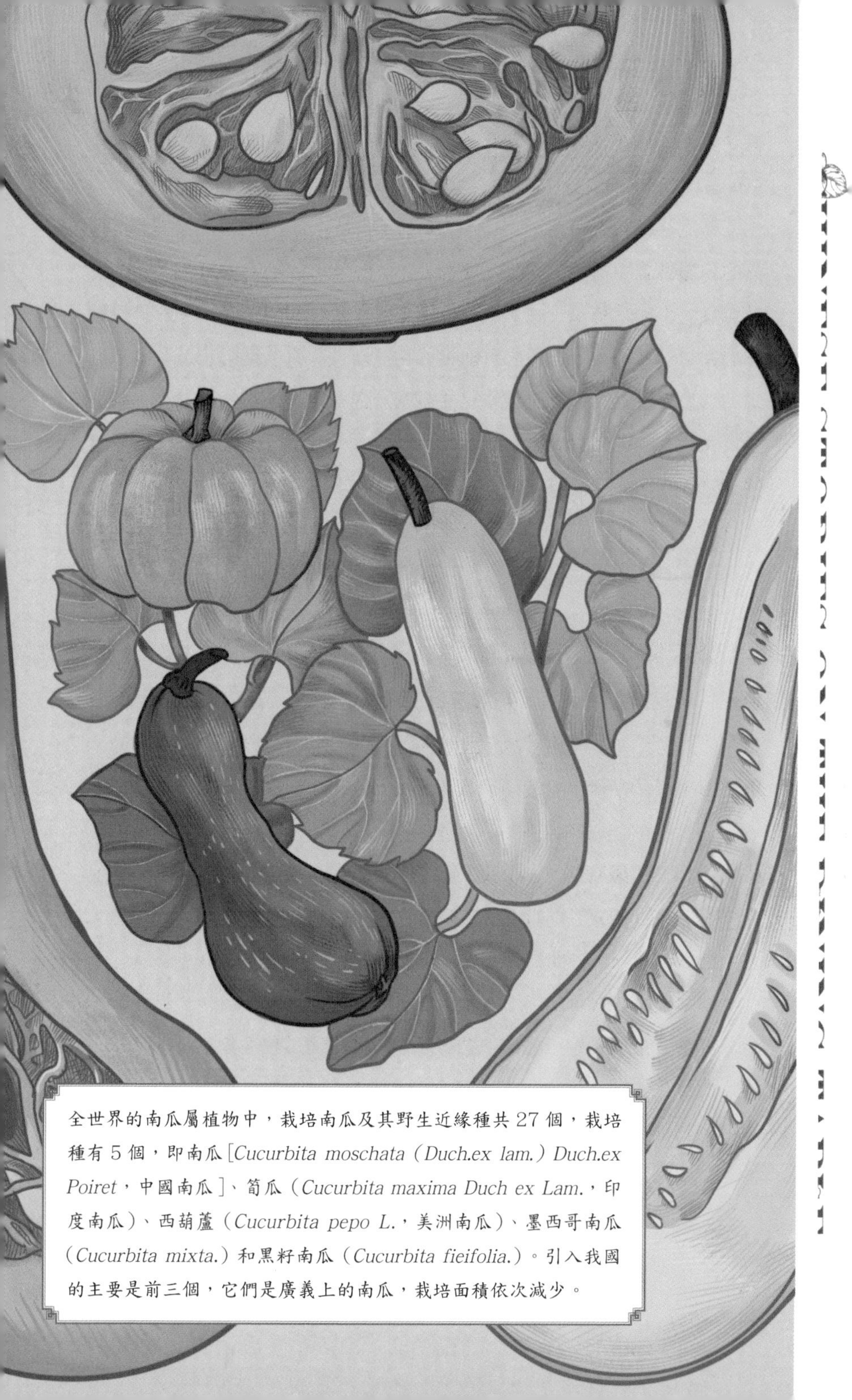

全世界的南瓜屬植物中，栽培南瓜及其野生近緣種共 27 個，栽培種有 5 個，即南瓜［*Cucurbita moschata*（*Duch.ex lam.*）*Duch.ex Poiret*，中國南瓜］、筍瓜（*Cucurbita maxima Duch ex Lam.*，印度南瓜）、西葫蘆（*Cucurbita pepo L.*，美洲南瓜）、墨西哥南瓜（*Cucurbita mixta.*）和黑籽南瓜（*Cucurbita fieifolia.*）。引入我國的主要是前三個，它們是廣義上的南瓜，栽培面積依次減少。

綠色品種的南瓜之外，還有什麼情況？我們認為筍瓜（*Cucurbita maxima Duch* ex Lam.）是不容忽視的。

筍瓜亦是葫蘆科南瓜屬作物，與南瓜很難區分，但其在美國乃至世界的普遍性並不遜色於南瓜，我們通常所見之最重的“南瓜王”其實多是筍瓜。但因“筍瓜”之名誕生於清乾隆年間，相對較晚，導致我們很難把握它的流佈史，它很有可能混雜在“南瓜”尤其是“北瓜”中。色青、色黑、色綠的筍瓜是很常見的，基於文獻我們已經無從考究（同樣基於文獻也無法判斷葫蘆形、深綠色的就一定是南瓜），但是這種可能性是確實存在的。夏緯瑛分析人們將筍瓜稱為“北瓜”的原因是筍瓜“皮之色白者，俗亦呼為‘白南瓜’，若省去‘南’字，即是‘白瓜’，‘白瓜’可以因方言而讀作‘北瓜’”。如嘉慶年間《定邊縣志》載“北瓜，皮瓤子俱白，味甘美”，就是筍瓜。

即使“北瓜”僅是南瓜的一個品類，也不代表沒有人知悉兩者的相通性，所以明末張履祥《補農書》載“南瓜形扁，北瓜形長，蓋同類也”，“北瓜”逐漸就作為南瓜的代稱了，這種情況應該是最為普遍的。清鮑相璈《驗方新編》載“南瓜，北人呼為倭瓜，江蘇等處有呼為北瓜者”，張宗法《三農紀》載“南人呼南瓜，北人呼北瓜”，這類記載不勝枚舉。到了民國時期，“北瓜”已經完全成為南瓜的代名詞，並大有趕超“南瓜”的趨勢，齊如山在《華北的農村》中就說：“北瓜亦曰倭瓜，古人稱之為南瓜，鄉間則普遍名曰北瓜。”

總之，清代以降，“北瓜”在不同地區指向性越來越多，已經讓人極易混淆了，所以遲至光緒《黃岩縣志》載“南瓜俗名南京瓜，實大如盎，北瓜差小，俗名北岸瓜，以來自江北也”，這種似是而非的記載已經不足為信了。就如口口相傳的“洪洞大槐樹”的歷史記憶一樣，都是由社會所建構的，越接近晚期，其層累的痕跡越明顯。

模糊地說，將“北瓜”視為“南瓜屬”的共同體大致是沒有問題的，但是不能輕易將“北瓜”對號入座，因為其象徵意義大於實際意義。近代社會中，“北瓜”幾乎替代了“南瓜”，但是後來又發生“南瓜”轉向，這與國家權力的操控分不開，就不是本章的話題了。

近年，“北瓜”再次發生了轉向，多指筍瓜。

土豆來自何方？

土豆，學名馬鈴薯（*Solanum tuberosum* L.），茄科多年生草本植物，塊莖可供食用。在中國不同地區還有“地蛋”“山藥蛋”“洋（陽）芋”“荷蘭薯”等別稱，土豆是其最常見的別名。這些看起來“土味十足”的稱謂，卻不能掩蓋土豆是外來植物的事實。

土豆起源於美洲，至少在 7000 年前，土豆已經在南美洲安第斯山區的海拔 3800 米以上的“的的喀喀湖區”被發現。此地海拔較高，其他作物難以生存，卻塑造出了土豆這樣耐寒耐旱的高產作物。南美的一支印第安部落嘗試對其栽培，發現土豆產量很高，於是便大面積種植。此地的高寒環境有如“冰箱”，也有助於“丘紐”（chuno，風乾土豆）的保存，土豆逐漸成為南美印加帝國主食。印加帝國認為土豆是上天對他們的恩賜，將土豆奉為“豐收之神”。

1492 年哥倫布發現了美洲新大陸，當 1536 年第一批歐洲探險家到達秘魯的時候，發現當地人種植一種名為“papa”的奇特地下果實，這就是土豆了。隨著西班牙殖民者對印加帝國的征服，1551 年土豆被殖民者西扎·德·列昂（Pedro Cieza de León）作為一種“戰利品”從秘魯帶回了歐洲，敬獻給西班牙國王查理一世；1586 年英國德雷克艦隊回到英國普利茅斯港，也攜帶了一些土豆，沒過幾年，土豆傳入愛爾蘭。

但是在它剛傳入舊大陸的相當長的一段時間裏並未被人們認可，只限於園圃栽植，作為觀賞或藥用作物。1601 年克魯修斯（Carolus Clusius）的《稀有植物的歷史》（*Rariorum plantarum historia*）似乎是歐洲關於種植土豆的最早記載，該書關於土豆的描述書寫於 1588 年。即使到了 17、18 世紀，歐洲人對土豆還是充滿了爭論與懷疑：有些人認為土豆是催情藥，有些人則認為它會引起發燒、痲風、結核等疾病；一些保守的東正教教父甚至指責土豆是邪惡的化身，他們的主要理由就是《聖經》裏面從來沒有提到過這種作物。18 世紀狄德羅等人的《百科全書》仍認為土豆沒有味道，不屬於可口的食物，會引起腸胃脹氣，只適合僅需要填飽肚子的幹力氣活的工人和農民。可見即使土豆經過了“百科全書派”的祛魅，依然被視為卑賤和低檔的食物，這就是“食物的階級性”——對於同一種食物，不同階級或階層所持之態度及行為方式不同。總的來說，歐洲人還是青睞小麥（麵包）、奶酪和肉類，不過自 17 世紀起，土豆總算逐漸走進了歐洲人的菜園和餐桌。特別是農民發現土豆的塊莖生長在地下，是不可見的（產量無法估計），可以根據自己的需要適時取用，加之價值較低、收穫較為麻煩，可以完美地

土豆實於清代才進入中國。

逃避官方的徵稅，堪稱“逃避統治的藝術”，所以土豆的廣泛種植抑制了饑荒。不過 18 世紀中葉前，土豆大多還是在愛爾蘭扮演主要食物的角色。

18 世紀中葉起，土豆終於成為歐洲國家的大宗作物，完成了從菜園到大田的轉變。以頻繁發生戰爭和饑荒為契機，土豆種植迅速擴散到整個歐洲大陸，特別到 1744 年普魯士大饑荒時成為一個重要的轉機，國王腓特烈二世勸種土豆。同時，在法國人接受土豆的過程中，一個名叫帕門蒂爾的法國農學家發揮了重要作用（事跡詳見第 143 頁）。

土豆的優勢在於產量高且穩定，它的出現養活了歐洲大量人口。以愛爾蘭為例，其人口從 1754 年的 320 萬增長到 1845 年的 820 萬，土豆功不可沒。18 世紀，土豆變成了歐洲人一日三餐不可缺少的食物。在土豆種植國，饑荒也消失了，一條長達 2000 英里的土豆種植帶從西邊的愛爾蘭一直延伸到東邊的烏拉爾山。

愛爾蘭對土豆依賴度高，這個國家有 40% 以上的人在日常生活中除了土豆之外，沒有其他固定的食物來源。土豆的晚疫病（感染了這種病菌的土豆，首先葉子上會出現病斑，並且很快就會蔓延到整棵植株，埋在泥土裏的塊莖也會腐爛）導致了愛爾蘭大饑荒，所以又稱“土豆瘟疫”。按照恩格斯的說法：“1847 年，愛爾蘭因馬鈴薯受病害的緣故發生了大饑荒，餓死了一百萬吃馬鈴薯或差不多專吃馬鈴薯的愛爾蘭人，並且有兩百萬人逃亡海外。”這種單一種植的弊端今天依然值得我們警醒。

有趣的是，雖然土豆起源於美洲，但是 17 世紀以前北美對土豆一無所知，伴隨大饑荒和移民潮，愛爾蘭人又將土豆帶到美國，至今在美國的一些州還將其稱之為“愛爾蘭薯”。

一般認為土豆傳入中國有兩條路線：一是在 16 世紀末和 17 世紀初由荷蘭人把土豆傳入中國福建、台灣海峽兩岸，二是在 18 世紀從俄國或哈薩克汗國引土豆入陝西、山西一帶。現在越來越多的證據指明，東南海路一線尚不確鑿，但西北陸路一線是主要線路。土豆傳入中國後最早被稱為"洋芋"〔見清乾隆五十三年（1788）《房縣志》〕，明末清初的相關記載如《長安客話》中的"土豆"、清康熙《松溪縣志》中的"馬鈴薯"其實並不是土豆。

清代，在土地貧瘠的山區，傳統作物無法生長，土豆以其強大適應性迅速成為山區人民的主糧。土豆在高寒山區的意義更為重大，是山區人民的重要食料。在平原地帶，水稻、小麥處於主糧地位，玉米、番薯作為輔助雜糧，土豆主要用作蔬菜。20 世紀後，農民日益貧困化，以雜糧為主食的貧民比重增大，土豆這類粗糧成為貧民的主食。總之，土豆在中國影響雖大，但是主要發生在 20 世紀後，清代人口增加自然與土豆毫無關係，中國與歐洲的情況還是差異較大的。雖然土豆在世界的傳播史僅僅四百多年，卻已在世界五大洲安家落戶，有 125 個國家種植。

今天，土豆位列世界的第四大作物，還是歐洲主食。中國在 2015 年推出了"馬鈴薯主糧化戰略"，但中國人依然只把土豆作為蔬菜而非糧食，當然在土豆燒牛肉、地三鮮、炒土豆絲等家常菜中我們還是能經常見到它的身影，更不用說薯條、粉條了。蒸、炸、煎、煮、烤，土豆滋味萬千。

小瓜子裏的大學問

吳越之地廣為流傳的《歲時歌》中這樣說道：“正月嗑瓜子，二月放鷂子，三月種地下秧子，四月上墳燒錠子……”，“嗑瓜子”何以位列諸事之首？

北宋初年成書的《太平寰宇記》卷六十九《河北道十八．幽州》中，第一次在土產部分出現“瓜子”一詞。

眾所周知，今天我們所說的瓜子的範圍很廣，不過主要作為零食食用的瓜子是葵花子、南瓜子和西瓜子。葵花子就是向日葵的種子；南瓜子又稱白瓜子；西瓜子也名黑瓜子，少數是紅瓜子。葵花子可以說是目前最流行的瓜子，如果單提及瓜子的話，多說的是葵花子。

瓜子流行風

中國人歷來喜食瓜子，該傳統不知始於何時，但明清時期已經非常流行。以明清小說為例，多有不同程度地提及瓜子，可見瓜子在社會上非常之流行。《金瓶梅》中“瓜子”出現次數較多，《紅樓夢》第八回寫“黛玉嗑著瓜子兒，只管抿著嘴兒笑”。更多的文學作品如《諧鐸》《歧路燈》《孽海花》等，均描寫了嗑瓜子的習俗，反映出嗑瓜子習俗文化的博大精深。明萬曆年間興起於民間的時調小曲《掛枝兒》有《贈瓜子》

一曲："瓜仁兒本不是個希奇貨，汗巾兒包裹了送與我親哥。一個個都在我舌尖上過。禮輕人意重，好物不須多。多拜上我親哥也，休要忘了我。"

到了清代前期，"錦州海口稅務情形每年全以瓜子為要，係海船載往江浙、福建各省發賣，其稅銀每年約有一萬兩或一萬數千兩，或竟至二萬兩不等"（《宮中檔乾隆朝奏摺》）。至清代後期，東北瓜子產銷更加興盛，為貨物大宗，獲利甚多。清末，"瓜子，歲獲約一萬五千餘斤，除土人用營銷潦河口漢口無大宗"（《南陽府南陽縣戶口土地物產畜牧表圖說》）。"茯苓糕，秔米粉為之餡，用糖配以瓜子仁胡桃肉，夏間買之亦不多，作市者爭購以為佳製，出楓橋市者佳"（光緒《諸暨縣志》），瓜子食用方式也更加多樣。

清康熙年間文昭的《紫幢軒詩集》有詩《年夜》："側側春寒輕似水，紅燈滿院搖階所，漏深車馬各還家，通夜沿街賣瓜子。"乾隆年間潘榮陛《帝京歲時紀勝》記載了北京正月的元旦："賣瓜子解悶聲，賣江米白酒擊冰盞聲……與爆竹之聲，相為上下，良可聽也。"乾隆帝在新年之際，在園（圓明園）內設有買賣街，依照市井商肆形式，設有古玩店、估衣店、酒肆、茶肆等，甚至連攜小籃賣瓜子的都有，均反映了賣瓜子的盛況。

民國時期，豐子愷先生大篇幅詳細地敘述了中國人嗑瓜子的習俗，認為國人吃瓜子的技術最進步、最發達："在酒席上，茶樓上，我看見了無數咬瓜子的聖手。近來瓜子大王暢銷，我國的小孩子也都學會了咬瓜子的絕技。"豐子愷先生最痛恨用嗑瓜子來"消閒""消磨歲月"，把嗑瓜子當成一種國民劣根性來批判，他認為"除了抽鴉片之外，沒有比吃瓜子更好的方法了，其所以最有效者，為了它具備三個條件：一、吃不厭，二、吃不飽，三、要剝殼。”瓜子對國人的吸引力和在社會上的流行程度由此可見一斑。

總之，無論是帝王將相、文人墨客還是平民百姓，男女老少都喜食瓜子。明代以來，嗑瓜子的習俗已經是中國人共同的習俗，早已被中華民族的心理所認同。

嗑瓜子也要看心情

中國人精於飲食，喜歡吃瓜子，可能是源於節儉的理念，後逐漸發展深入到飲食文化層面。嗑瓜子比較費時間，一般是比較空閒的時候，尤其在家庭成員聚到一起時，大家邊嗑邊聊，促進家庭成員溝通，這或許就是嗑瓜子的習俗在中國經久不衰的理由之一。

嗑瓜子的習俗可能最早興於北方，不單是因為嗑瓜子的記載主要體現在北方的歷史文獻中，還有更為客觀的原因，就是北方的生活習慣與氣候條件。北方冬季寒冷而漫長，這段時間又屬於農閒的時間，所以大家整天待在家中避寒，形象地稱之為“貓冬”，消磨時間的主要方式就是嗑瓜子聊天，嗑瓜子的習俗也就這樣蔓延開來。

同時，嗑瓜子需要閒適的心情，嗑瓜子之人必為閒人，嗑瓜子之心必是一顆閒心。從《金瓶梅》《紅樓夢》等小說的場景來看，無一不是太平盛世的閒人在嗑瓜子。只有在太平年代，人們才有閒情逸致嗑瓜子，閒話家長里短；貧困人家尚不得果腹，何來嗑瓜子的心情和買瓜子的閒錢？因此，嗑瓜子習俗也反映了社會的穩定和家族的繁榮。於是，迎賓會友、逢年過節都少不了這種休閒零食了。如果將瓜子去殼放好直接食用，反而顯得索然無味了。嗑瓜子實在是平民化的情調，更是年味的縮影，過年街坊鄰居、親朋好友互相拜年，酒足飯飽不是必須的，但瓜子是一定要嗑的。

明代嗑的是西瓜子

那麼，明代以來就已經流行的嗑瓜子習俗中所說的瓜子是何物？不難推測，必是西瓜子。也就是說，文獻小說中描述的眾多明清時期瓜子的歷史與習俗，多指西瓜子。西瓜子單獨支撐了長期以來的嗑瓜子習俗，即使在葵花子和南瓜子成為常用零食之後，地位依然超然。從某種意義上來說，葵花子和南瓜子的流行原因之一是作為西瓜子的替代品，因為嗑瓜子的習俗已經很普遍了。

西瓜原產於非洲，其記載最早見於《新五代史・四夷附錄第二》。西瓜在漫長的自然、人工選擇中分化出專門以食用瓜子為主的品種。西瓜的種仁是美味食品，儘管後來已培育出多種優良的西瓜品種，各地仍有栽培瓜子較發達的類型。有些地方甚至盛行栽培此類品種，將瓜子作為一種土特產，行銷外地或者外國而獲得厚利。這種瓜子西瓜，古往今來栽培都很多，在不同地區稱呼也不同，有打瓜、籽瓜、子瓜、瓜子瓜等。打瓜"食則以拳打之故名"（民國《考城縣志》），（瓜）子（籽）瓜"西瓜，別種出子者曰子瓜"（清光緒《高密縣鄉土志》）。

最早記載西瓜子可食的是元代《王禎農書》："（西瓜）其子爆乾取仁，用薦茶易得。"此後關於西瓜子各種加工、利用方式的記載比比皆是。如《飲食須知》載："食瓜（西瓜）後，食其子，不噫瓜氣。"《本草綱目》載："（西瓜）其瓜子爆裂取仁，生食、炒熟俱佳。"《二如亭群芳譜》亦載："（西瓜）子取仁後可薦茶。"根據開篇《太平寰宇記》

的記載，西瓜子至遲在元代就已經開始作零食用了，甚至有可能追溯到北宋初年。

宮廷中關於最早食用西瓜子的記載是晚明宦官劉若愚的《酌中志》，記載了明神宗朱翊鈞“好用鮮西瓜種微加鹽焙用之”。宮廷御膳的大量烘焙，必然影響上層社會對瓜子的喜好，同時又進一步影響民間。明人宋詡的《竹嶼山房雜部》載：“西瓜子仁，槌去殼微焙。”清初孔尚任的《節序同風錄》載：“炒西瓜子裝衣袖隨路取嚼曰嗑牙兒。”可見西瓜子非常流行。晚清黃鈞宰《金壺七墨》統計：“計滬城內外茶樓酒市妓館煙燈，日消西瓜子約在三十石內，外豈復意料可及耶。”在大都市，西瓜子消耗量尤巨。清末黃雲鵠的《粥譜》載：“西瓜子仁粥，清心解內熱。”西瓜子的食用方式多樣。

法國傳教士古伯察曾在 19 世紀中葉前後旅居和遊歷中國大部分地區，對西瓜子的描繪很多：“中國人對西瓜子有著特殊偏愛，因而西瓜在中國是必不可少的……有些地方，豐收時節西瓜就不值錢了，之所以保留它們，只是為了裏面的瓜子。有的時候，大量的西瓜被運到繁忙的馬路邊免費送給過往的行人，條件是吃完了把瓜子給主人留下……西瓜子對於中華帝國 3 億人口來說，真可謂一種廉價的寶貝。嗑瓜子在 18 省中屬於一種日常消費，看著這些人在用餐之前把嗑瓜子當成開胃之需，確實是一道耐人尋味的景致……假如有一群朋友聚在一起飲茶喝酒，桌上肯定會有西瓜子作伴。人們出差途中要嗑瓜子，兒童或是手藝人只要口袋裏有幾個銅板，就會拿出來買這種美味食品。無論是在大街旁，還是在小道邊，到處都可以買到瓜子。你就是到了最荒涼的地區也不用擔心找不到西瓜子。在大清帝國各個地方，這種消費形式確是一種不可思議、超乎想象之事。有的時候，你會看見河上行駛著滿載這種心

嗑瓜子的習俗在明代已經比較流行，清代民國時期愈演愈烈。該習俗可能是源於節儉的理念，後逐漸發展深入到飲食文化層面，最終成為中國人生活的一部分。但是在晚清之前，“瓜子”主要指的是西瓜子，晚清以來南瓜子開始流行，民國時期葵花子又異軍突起，最終確定了三者三足鼎立的局面。

愛貨品的平底木船，說句實話，這時你可能以為自己來到了一個囓齒動物王國。”

後來居上的葵花子

南瓜和向日葵都是美洲作物，起源於美洲。在 1492 年哥倫布發現美洲之後才輾轉傳入中國，傳入中國的時間應該是在 16 世紀上半葉，也就是晚明的嘉靖年間。

先看南瓜，南瓜子要比葵花子流行得早些。最早關於南瓜子售賣的記載來自《植物名實圖考》:“（向日葵）其子可炒食，微香，多食頭暈，滇、黔與南瓜子、西瓜子同售於市。”晚清以來，關於南瓜子可食的記載非常多，遠超葵花子，較早的記載有咸豐《興義府志》“郡產南瓜最多，尤多絕大者，郡人以瓜充蔬，收其子炒食，以代西瓜子”，同治《上海縣志》“子亦可食”等。

最早記載葵花子可食的是清康熙年間的《桃源鄉志》:“葵花，又名向日葵，色有紫黃白，其子老可食。”最早記載葵瓜子售賣的是《植物名實圖考》，也是晚清的事了，開始售賣不代表成為流行零食，而且記載也只能反映滇、黔一帶的情況而已。

最早記載向日葵大規模栽培的是民國《呼蘭縣志》:“葵花，子可食，有論畝種之者。”向日葵在清代依然主要作為觀賞性植物，開始規模栽培了，這說明葵花子已經開始流行了。但清代關於葵花子食用及售賣的記載並不多，偶有記載諸如“子生花中生青熟黑可炒食，香烈甚於瓜子”（光緒《諸暨縣志》），可知“葵花子”和“瓜子”在清末仍是兩個不同的東西。向日葵在方志中多是歸為“花屬”“花類”等，其籽粒也應該是“花子”而不是“瓜子”。

瓜子界的“三足鼎立”

雖然葵花子和南瓜子也是瓜子中的一員，但是在社會上流行卻是近代以來的事了。南瓜子大概從晚清時期開始流行，葵花子大概從民國時期開始流行。民國時期，“（南瓜）瓜瓤有子，較西瓜子為大，鹽汁炒之，可供消閒咀嚼，予以不擅食西瓜子故，乃對於南瓜子有特嗜，蓋南瓜子易於剝取其仁也”。可見南瓜子雖然已經有廣泛的食用人群了，但是較西瓜子而言，還是略遜一籌，而“向日葵……除榨油外，又可炒熟佐食，即俗稱香瓜子者是”（鄭逸梅《花果小品》）。葵花子民國時期更多被稱為香瓜子，但是我們對該稱呼比較陌生。最早“香瓜子”的稱呼在清同治《上海縣志》中有記載：“秋葵，《府志》黃葵，俗呼黃羅傘，案今呼對日蓮，子名香瓜子。”但“香瓜子”一名在晚清還不常見，或可說明葵花子的流行也是在民國時期，之後香瓜子之名傳遍中國，至少實現了從“花子”到“瓜子”的過渡。

民國時人齊如山說：“南瓜所生之子，銷路也極大，亦曰倭瓜子，因永與西瓜子同時食之，彼黑色，便名曰黑瓜子，此則色白更名曰白瓜子；吃時加鹽稍加一些水，入鍋微煮，鹽水浸入瓜子而乾，再接續炒熟，或微糊亦可，味稍鹹而乾香，國人無不愛食者，故乾果糖店中，無不備此，宴會上更離不開他，客未到之前，必要先備下黑白瓜子兩碟，席間亦常以此作為玩戲之具，此見於記載者很多；因其價賤，且吃的慢，無論貧富皆食之，而且全國通行，不過鄉間則只年節下用之，平常則不多見，亦因農工事忙，不比城池中人清閒者多，故無暇多吃零食。”

葵花子流行程度遠不及“黑白瓜子”。

1949 年之後，葵花子異軍突起。或是因為好吃，或是因為好嗑，或是因為收穫方便，或是因為高產，葵花子終於後來居上，成為中國人最主要的休閒果品，在今天更是“反客為主”。從最早流行的西瓜子到晚清時期的南瓜子，再到民國時期的葵花子，瓜子界終於確定了“三足鼎立”的局面。

向日葵的角色轉變

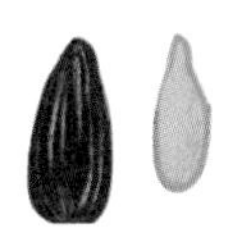

葵花子已成為全球產量僅次於大豆的重要油料作物。

向日葵，又名西番蓮、西番菊、望日蓮、太（向）陽花等，原產於美洲，明代中期才傳入我國，除了東南沿海一路外，還有可能自西南邊疆傳入。1993 年，河南新安荊紫山發現向日葵圖案琉璃瓦，該瓦為明正德十四年（1519）當地重修的玄天上帝殿遺物。但是河南方志記載向日葵最早見於萬曆三十六年（1608）《汝南志》，而且只有"向日葵"這一名稱，無性狀描寫等，說明尚在引種初期。此時與琉璃瓦時間相距 89 年，所以該瓦片的確切時間與圖案所指尚有待考證。

明嘉靖四十三年（1564）浙江《臨山衛志》中出現了向日葵在我國的最早記載，雖然僅有"向日葵"這一名稱記載。此外還有天啟七年（1627）浙江《平湖縣志》等，均只載有名稱，隻字未提向日葵的性狀、栽培、加工利用等。

而對向日葵最早的性狀描寫是明萬曆四十七年（1619）姚旅的《露書》："萬曆丙午年（1606）忽有向日葵自外域傳至。其樹直聳無枝，一如蜀錦開花，一樹一朵或傍有一兩小朵，其大如盤，朝暮向日，結子在花面，一如蜂窩。"

稍後成書於1621年的王象晉《二如亭群芳譜》"葵"篇記載："西番葵，莖如竹，高丈餘。葉似蜀葵而大，花托圓二三尺，如蓮房而扁，花黃色，子如草麻子而扁。"但是《二如亭群芳譜》在"菊"篇的附錄又記載了一次："丈菊，一名西番菊，一名迎陽花。莖長丈餘，幹粗如竹。葉類麻，多直生。雖有旁枝，只生一花，大如盤盂，單瓣色黃，心皆作案如蜂房狀，至秋漸黑紫而堅。取其子種之，甚易生。"顯然還是向日葵的性狀描寫，同是向日葵為什麼記載了兩次？葉靜淵（1999）認為："王氏在《二如亭群芳譜》自序中稱是書乃'取平日涉歷諮詢者，類而著之於編'，可見《二如亭群芳譜》中著錄的向日葵乃來自'諮詢'，作者並未親眼目睹。將來自不同諮詢對象和渠道的以不同名稱命名的向日葵'類而著之於編'是順理成章、不足為怪的；而且恰恰表明當時向日葵在我國栽培的時間還不

最早提到"向日葵"這個名字的是一本明末著作——文震亨的《長物志》，此後清代陳淏子的《花鏡》等著作也用了這一名稱。

長，人們對它不甚熟悉。”

“明清時期引種的植物的命名往往帶有‘番’字，向日葵被命名為‘西番葵’‘西番菊’是從國外引種的明證。”姚旅《露書》中的記載也是“忽有”向日葵自外域傳至，兩書的記載都表明直到 17 世紀上半葉，向日葵在中國依然是陌生的作物，根本不可能大面積地引種和推廣。張箭（2004）也曾撰文認為：“雖然明後期向日葵便已傳入，但明末兩部農學植物學巨著徐光啟的《農政全書》和李時珍的《本草綱目》尚未提到向日葵，所以可推那時它的栽培還不普遍。據以上《二如亭群芳譜》的記載，估計主要用作觀賞植物和藥用作物。”筆者是比較認同的。

成書於清康熙二十七年（1688）的《花鏡》載“向日葵⋯⋯只堪備員，無大意味，但取其隨日之異耳”，意思是說向日葵在花中就是充充數的，沒什麼意思，只是它隨著太陽而動比較特殊而已，這一記載也能說明向日葵在清代中期只是觀賞用。其實向日葵不只在清代前期，在有清一代都主要作為觀賞用植物，清代各地方志都將向日葵列於“物產·花類（屬）”中也能說明這一點。道光二十五年（1845）貴州《黎平府志》卷十二《物產》首次將向日葵同時列於“果之屬”與“花之屬”中。

清末《撫郡農產考略》在“葵”篇中記載了向日葵，“牆邊田畔，隨地可種，生長極易”，說明直到晚清向日葵都沒有形成規模栽培，沒有出現在大田，只是作為副產品零星種植，其中“瓜子炒熟味甘香，每斤值三四十錢，子可榨油”是關於葵花子可榨油的首次記載，可見向日葵榨油同樣較晚。民國四年（1915）貴州《甕安縣志》載“葵花，其子香可食，又可榨油但不佳”，可見葵花子油根本沒有普遍流行，倒是可見葵花子作為零食逐漸流行起來，但這也是清末以來的事情了，所以我們看到明清小說裏面的“瓜子”基本都不是葵花子。民國以後，向日葵在充當果品、榨油等方面異軍突起。

各省方志中關於向日葵的最早記載大部分都發生在清代，浙江、河南、山東、山西、河北五省在明代已有向日葵記載，而黑龍江、青海、西藏三地民國時期始有向日葵記載。具體情況可見下表。

全國各省方志最早記載向日葵情況

省份	最早記載時間	出處	省份	最早記載時間	出處
浙江	嘉靖四十三年（1564）	《臨山衛志》	河南	萬曆三十六年（1608）	《汝南志》
山東	萬曆三十七年（1609）	《濟陽縣志》	山西	萬曆四十六年（1618）	《安邑縣志》
河北	天啟二年（1622）	《高陽縣志》	安徽	順治八年（1651）	《含山縣志》
江蘇	順治十一年（1654）	《徐州志》	陝西	康熙二十年（1681）	《米脂縣志》
湖南	康熙二十三年（1684）	《零陵縣志》	湖北	康熙三十六年（1697）	《宜都縣志》
遼寧	康熙二十九年（1690）	《遼載前集》	甘肅	康熙四十一年（1702）	《岷州志》
福建	康熙三十九年（1700）	《漳浦縣志》	貴州	康熙五十七年（1718）	《餘慶縣志》
廣西	康熙四十八年（1709）	《荔浦縣志》	江西	雍正三年（1725）	《武寧縣志》
雲南	乾隆元年（1736）	《雲南通志》	廣東	乾隆四年（1739）	《興寧縣志》
台灣	乾隆七年（1742）	《台灣府志》	新疆	乾隆四十七年（1782）	《西域圖志》
四川	咸豐元年（1851）	《南川縣志》	內蒙古	光緒九年（1883）	《清水河廳志》
吉林	光緒十一年（1885）	《奉化縣志》	黑龍江	民國六年（1917）	《林甸縣志略》
青海	民國八年（1919）	《大通縣志》	西藏	民國二十四年（1935）	《西藏史地大綱》

向日葵總體記載較晚，在清代也只是零星種植。上表中只有吉林、黑龍江兩省記載向日葵花子可食的情況，絕大部分省份都只是在花類（屬）記載“向日葵”三字而已，全無性狀、利用等描述，可見清代中期以前，向日葵還主要是作為觀賞植物。方志中也無大面積栽培記載，直到民國十九年（1930）黑龍江《呼蘭縣志》卷六《物產志》載“葵花，子可食，有論畝種之者”，這是有關向日葵大面積記載的最早記錄。

向日葵與其他美洲作物一樣適應性很強，《致富奇書廣集》記載：

“其性，不論時之水旱，地之肥瘠，高下俱生，路旁牆頭生者，俱茂，宜於不堪耕種之地種之。”民國《定海縣志》說“向日葵，瘠土廢地均可種”，清光緒《周莊鎮志》也說“向日葵，田岸籬落間俱種之”等，均反映了向日葵具有耐鹽鹼、耐瘠薄、栽培管理簡便等特點。栽培向日葵不用與主要糧食作物爭地、爭季，可利用晚秋生長季，對土壤可起到脫鹽鹼作用，可充分利用沙荒、鹽鹼風沙薄地低產農田。而且，向日葵栽培技術也比較簡單：大田生產，可以畦種；用飽滿的葵子點種在畦內，株距一尺多；雜草用手拔，可不用鋤；種時施以熟糞，並以土培覆（《撫郡農產考略》）。所以，在技術水平比較低的情況下，向日葵在我國的大部分省區都有種植，而且產量也頗高，這是葵花子榨油有利可圖與成為第一等瓜子類零食的原因。此外，我國向日葵主產區的自然氣候條件優於世界其他同緯度地區，更適宜發展向日葵生產。氣候較冷涼、海拔或緯度較高的地方籽粒含油量較高，這些地方適宜栽培生育期較短的油用向日葵品種，如北部高原區、內蒙古西部和寧夏、甘肅部分地區；而生育期較長的籽用向日葵品種則適宜在氣候較溫和、緯度或海拔較低的地方生長，如東北平原、華北東部等地。

向日葵從觀賞作物徹底轉變為經濟作物，其實也就是百餘年的歷史，反映了向日葵逐漸擺脫邊緣化的歷史地位，被國人賦予了生命、人性以及文化。隨著被社會、文化或政治力量界定的人類需求的變化，其生命史中的商品價值、身份或意義也在轉變。

“胡麻”非亞麻

今天我們提到的“胡麻”，多是指一年生草本植物——亞麻科亞麻屬的亞麻（*Linum usitatissimum* L.）。亞麻分為纖維類、油用以及半纖維半油用三種類型。纖維亞麻的栽培始於 20 世紀初，本章所指均為在中國栽培歷史最久的油用亞麻。“亞麻”是胡麻的正式名稱，“胡麻”作為民間約定俗成的別稱已經罕見於專業植物志等出版物，但因用語習慣根深蒂固，依然被廣泛應用，造成正名“亞麻”與俗名“胡麻”長期共存的現象，在口頭表達和行文中數見不鮮。

以今天的視角觀之，似乎胡麻就是亞麻，不過胡麻怎麼又會和胡麻科胡麻屬的芝麻（*Sesamum indicum* L.）扯上關係呢？

芝麻原產

“胡麻”無疑是一個後發詞彙，這是為了區別中國本土的麻（大麻、漢麻），“以胡麻別之，謂漢麻為大麻也”（《夢溪筆談》）。胡麻是從大宛還是從西域傳入早已無從考究，胡麻代表的這一作物是漢代以降從西域傳入大概沒有問題。因此當“芝麻原產論”被提出後，胡麻被賦予的作物指向便開始偏離芝麻。

“芝麻原產論”的根據，主要便是浙江杭州水田畈、浙江湖州錢山漾、江蘇吳江龍南等良渚文化遺址的考古發掘報道發現了芝麻。根據上述發掘報告，既然中國是芝麻的原產地之一，胡麻也就自然另有所指了，這是亞麻派的觀點之一。然而，這些“芝麻”種子自發掘之始就伴隨著懷疑，之後該結論逐漸被推翻，發現其實為甜瓜的種子。亞麻派卻一直援引半個多世紀之前的錯誤發掘報告，以訛傳訛。

早在 1983 年，浙江嘉興雀幕橋遺址就發現了與上述遺存相同形態的種子，經鑒定是栽培甜瓜（小泡瓜）沒有發育好的籽粒。2004 年錢山漾遺址再發掘時，也發現甜瓜種子參差不齊的現象，小的便是類似上述遺存，考古專家鄭雲飛的實驗也肯定其不是芝麻而是甜瓜子。游修齡進一步指出：芝麻種子基部大的一端鈍圓而平，甜瓜種子基部大的一端圓而尖形，錢山漾“芝麻”遺存恰恰是典型的甜瓜種子。

其實，即使暫且認為這些籽粒是芝麻，地大物博的中國只有這麼兩三處芝麻遺存難道不奇怪嗎？總之，迄今為止也沒有更多的考古發掘、野生種質資源的發現和先秦、秦漢文獻來佐證其存在的合理性。所謂的發掘報告可以說是一個錯誤的孤證，同樣案例也發生在花生、蠶豆、番茄的身上。

“芝麻原產論”的觀點，還認為先秦文獻中的麻包括芝麻，該觀點確實驚世駭俗。歷史時期的麻，從古到今考證頗多，尤其是作為糧食作物的總稱“五穀”“六穀”“九穀”等中的麻，除了大麻別無他物。直到隋代前後，《切韻》中麻的概念又增加了苧麻，此後麻的外延不斷擴大。該觀點的重要論據一是西漢史游《急就篇》“稻黍秫稷粟麻秔”，唐人顏師古註曰“麻謂大麻及胡麻也”，顏註經常被當作史游原文，這種解釋後面又被方以智在《通雅》中集成。最想當然的說法莫過於清人劉寶楠《釋穀》“中國之麻稱胡者，自舉其實之肥大者言之，如胡豆、戎豆之類，不以胡地稱也”，就是釋“胡”為“大”義，認為胡麻乃中國原產。孫星衍在《神農本草經》的註同樣秉承了該觀點，近人有言“胡麻的‘胡’蓋取喻於戈戟，從其植株形態得名”，不管所謂“胡”的語義為何，都無法解釋為何在張騫“鑿空西域”之前沒有出現胡麻，終究不過是擅自揣度。

關於芝麻原產地有四種觀點：非洲說、爪哇說、埃及說和巽他群島說。其中非洲說最能站得住腳，無論是中東的文獻資料還是非洲的野生近緣植物都可以支撐這一觀點，勞費爾、德康多爾等均支持非洲說。流行說法就是在史前時期芝麻從非洲引種到印度，品種分化後分東西兩路傳播，東路即進入中國。更為重要的是芝麻在伊朗具有悠久的歷史，所以勞費爾肯定地認為芝麻經由伊朗傳入中國。

相比於芝麻較為清晰的情況，亞麻則是一筆糊塗賬。“原產地多元論”是一種比較好的解釋，“亞麻之俗名如此之多，在歐洲、埃及與印度之栽培又復如此之古，且印度之亞麻又專供榨油之用，故作者甚信此數種亞麻，係在異地各別起源栽培，並非互相傳輸仿效”（《農藝植物考源》），且並未提及亞洲原產，傳入亞洲（包括中國）之時間亦難以確定。

總之，芝麻在張騫“鑿空西域”之後，從伊朗經由絲綢之路傳入中國，被命名為胡麻以區別於大麻是比較符合歷史演進規律的。換言之，中國歷史上早期記載的胡麻均是芝麻。

巨勝

逆向思維，如果早期胡麻是亞麻，那麼芝麻的名稱是什麼？油麻、脂麻、芝麻名稱出現均是在唐代以後，而且油麻、脂麻根據文獻記載分明與胡麻是一物。即使我們姑且認為亞麻和芝麻一道在漢代通過絲綢之路從域外傳入，如果胡麻是亞麻，那麼芝麻又稱之為何？將兩者含糊地統稱為“胡麻”的情況是不可取的，因為兩者區分度相當大，古人沒有理由會如此省事地同名異物。而且芝麻比亞麻的用途更廣、適應性更強，因此分佈更加廣泛，難以想象芝麻一直匿名到唐宋才出現自己的專屬名稱。坊間常見的說法是芝麻古稱“巨勝”。我們先就巨勝考鏡源流。

將巨勝等同芝麻的始作俑者是陶弘景。首先，陶弘景之前，未聞“八穀”(黍、稷、稻、粱、禾、麻、菽、麥)，只有“五穀”“六穀”“九穀”，所謂“八穀”是陶弘景杜撰，它們並不是八種並列的作物。陶弘景第一次提出胡麻“本生大宛”，被後人爭相沿用，實際上在信史中從來沒有提到過胡麻來自哪裏，誠如勞費爾所說“(來自大宛)這種幻想不能當作歷史看待”。更加有趣的是，陶弘景認為“八穀”中的麻就是胡麻，充分反映了陶弘景並不熟悉農業生產或故意為之。麻是胡麻，這種觀點在提出後不斷被後人因襲，上文提及的顏師古註《急就篇》極有可能就受到了陶弘景的影響。

在陶弘景之前，巨勝本是胡麻的別稱之一，陶弘景提出了“莖方名巨勝，莖圓名胡麻”。我們要追問的是，如果這不是陶弘景的臆斷，為何在陶弘景之前的文獻中，巨勝一直是胡麻的稱謂之一？如果之前巨勝的特徵是莖方，為何會與莖圓的胡麻混淆？顯然，莖方、莖圓不能真正反映巨勝和胡麻的區別。所以，清人王念孫才一直堅信巨勝、胡麻本是一物，即使把巨勝作為胡麻的一個特殊品種也不能同意，“胡麻一名巨勝，則二者均屬大名，更無別異，諸說與古相遠，不足據也”(《廣雅疏證》)。此其一。

亞麻與芝麻可以從很多層面進行區別，植株形態如子實、蒴果、株

“胡麻” 在絲綢之路開通之後傳入中國，至遲到東漢時期，中原地區已見栽培，南北朝時期已經傳遍大江南北，成為食用油的主要原料兼有代飯食的功能。

高、花色等，依靠微觀的莖的形狀實在不是一個好的區分方式，如此區分只能讓人聯想到巨勝和胡麻其實是一種作物的不同品種，只能從細微之處考異。事實上，根據陶弘景本人的論述，他也是將巨勝和胡麻當成一個“種”，而沒有視為不同的“屬”。所以，蘇頌說“疑本一物而種之有二，如天雄、附子之類，葛稚川亦云胡麻中有一葉兩莢者為巨勝是也”，可見葛洪也認為巨勝是胡麻中“一葉兩夾”者。李時珍可以為該說法蓋棺：“巨勝即胡麻之角巨如方勝者，非二物也。”至於李時珍所繪之巨勝圖與胡麻圖，葉子均是互生，胡麻圖確為芝麻，差別主要在於巨勝的葉子為鴨掌形，當是繪製錯誤，此巨勝圖也不可能是亞麻或其他。此其二。

從植物分類學的角度，根據微觀莖稈進行區分也不是那麼容易實現的。亞麻莖是圓柱形不假，但是芝麻恐怕無法用“莖方”一言以蔽之，芝麻基部和頂部略呈圓形，主莖中上部和分枝呈方形，加之芝麻品種多樣（尤其今天無法揣測中古時期的芝麻形態），無法單純判斷芝麻莖的形狀。根據我們田野調查所見和老農之言，用“不規則的方形”來形容最為合適。正因依靠莖之方圓難以區分，所以李時珍才說“今市肆間，因莖分方圓之說，遂以茺蔚子偽為巨勝，以黃麻子及大藜子偽為胡麻，誤而又誤矣”。此其三。

總之，胡麻就是巨勝，巨勝就是胡麻，同物異名而已，如果認為巨勝就是芝麻，胡麻自然也是芝麻。那麼，“巨勝”等別名是怎麼誕生的？筆者已從考古學的角度進行了論證，胡麻即為芝麻，下文從文獻學的角度繼續論證。

中世文獻

筆者發現作物的同物異名現象雖然極其常見，但多是由於時代、地域的差異造成的，也就是說這是一個長期的過程，如胡麻一般自有記載以來就伴隨著四五個異名的情況實屬罕見。

《廣雅》中的記載“狗蝨、巨勝、藤宏，胡麻也”，是關於胡麻最早的記載之一。狗蝨、巨勝、藤宏後人多有解讀，僅舉一例：李時珍說“巨勝即胡麻之角巨如方勝者……狗蝨以形名……弘亦巨也，《別錄》一名弘藏者，乃藤弘之誤也”。我們嘗試用一種新的方法來解讀該史料：曹魏距離胡麻引種的時間不久，估計尚不到一百年，既然已經有胡麻這樣的正統名稱，有必要再增加三四個其他名稱使人迷茫嗎？以“狗蝨”為例，用狗蝨比喻胡麻的子實可算貼切，但強出生物狗蝨來命名胡麻必會導致稱謂混亂，單獨使用則不知究竟是蝨子還是胡麻。因此我們認為，《廣雅》中的“狗蝨、巨勝、藤宏”，意在強調胡麻的特徵，而不是作為胡麻的別名。《神農本草經》也只記載了巨勝，而未見胡麻的其他名稱，到陶弘景時則能動地利用了《廣雅》原文，將之紛紛作為胡麻的別名書寫進了《本草經集注》。

用狗蝨形容芝麻的子實還是比較貼切的，狗蝨大小與芝麻差不多。而李時珍將亞麻稱為壁蝨胡麻，則是因為亞麻與壁蝨（蜱蟲）形態差不多，大於狗蝨，從這個層面上也可以論證胡麻（巨勝）確係芝麻。

《齊民要術》第一次詳細記載了胡麻的栽培技術，不僅在“種麻第十三”專門大篇幅闡述，且在“雜說”“耕田第一”“種穀第三”“種麻子第九”均有論述，標誌著胡麻已經完成本土化，融入了精耕細作的傳統種植制度。《齊民要術》記載的胡麻栽培技術包括農時、整地、播種、田間管理、收穫等，均是芝麻無疑。繆啟愉在校釋時說："胡麻，即脂麻、油麻，今通作芝麻……甘肅等地稱油用亞麻為胡麻，非此所指。"繆先生為什麼如此確定？本章僅舉一例進行說明：《齊民要術》特別指出"種，欲截雨腳。若不緣濕，融而不生"，就是說胡麻要趁下雨沒有停時播種，否則就會融化，難以發芽。這是因為芝麻種子細小，不能深播，要求耕層疏鬆深厚，表土層保墒良好、平整細碎，所以頂土力弱且細小的芝麻種子一般不覆土（或只覆表土），但這樣很容易失水，雨後接濕播種，則沒有後顧之憂。至於亞麻，在栽培學中並沒有這個注意事項。實際上，李時珍早就指出："賈思勰《齊民要術》收胡麻法，即今種收脂麻之法，則其為一物尤為可據。"

近世文獻

芝麻的常用別稱"油麻""脂麻"我們不作為論據，因為亞麻同樣出油，同樣可以被稱為"油麻"。至於"脂麻"，歷史時期均是指芝麻，但因"脂"也有油之意，作為一項嚴謹的考證工作，我們僅從胡麻和芝麻的語境出發。

《新修本草》提出了一種鑒別巨勝和胡麻的方式："此麻以角作八棱者為巨勝，四棱者名胡麻。"我們已經知道巨勝就是胡麻，再重新審視這段話會有新的發現——蒴果。亞麻的蒴果都是球狀形態，只有芝麻的蒴果呈短棒狀，蒴果上有四棱、六棱或八棱，芝麻每一葉生蒴果數與花數基本一致，分單蒴和多蒴。要之，凡是涉及蒴果棱數問題的均是芝麻。《食療本草》云"山田種，為四棱"，可見唐人已對芝麻有了清晰的認知，在敘述方式上並不會張冠李戴。宋人羅願《爾雅翼》秉承了這種觀點。

《本草圖經》云“葛稚川亦云胡麻中有一葉兩莢者為巨勝是也”，一葉多蒴的情況也更加傾向於芝麻。再者，《本草圖經》又云：“生中原川谷，今並處處有之⋯⋯苗梗如麻，而葉圓銳光澤，嫩時可作蔬。”一者，亞麻栽培區域以西北為主，芝麻才堪稱“處處有之”；二者，亞麻葉互生，葉片為線形、線狀披針形或披針形，只有芝麻葉是矩圓形或卵形，因此“葉圓銳光澤”，必是芝麻葉。

《四時類要》在書寫胡麻時除了“葉圓銳光澤”之外還描繪了花色、蒴果、生長特徵等，分明為典型的“芝麻開花節節高”，“秋開白花，亦有帶紫豔者，節節結角，長者寸許，有四棱、六棱者，房小而子少，七棱、八棱者，房大而子多⋯⋯有一莖獨上者，角纏而子少，有開枝四散者，角繁而子多⋯⋯其葉本圓而末銳者，有本圓而末分三丫如鴨掌形者”。《農桑衣食撮要》在“種芝麻”條目中最早直接指出芝麻“又云胡麻”。

李時珍的工作最為卓越。陶弘景之誤在《本草綱目》中已經徹底得到澄清，李時珍通過一系列的釋名、集解和自我思考，得出的結論自然與我們相同。不過近人單從字面意思誤讀了他的想法，認為李時珍認同胡麻是脂麻但不是芝麻，原因是“〔釋名〕⋯⋯油麻（《食療》）、脂麻（《衍義》），俗作芝麻，非”，本段名為“釋名”，“芝”與“脂”諧音，李時珍認為“芝麻”當是“脂麻”在傳抄過程中的誤寫，故進行了糾錯，並不是說“脂麻”不是芝麻，聯繫下文亦可肯定其為芝麻。明人著作如《三才圖會》《閩書》《二如亭群芳譜》《本草原始》《野菜博錄》《農政全書》《天工開物》《通雅》等經推敲均可知胡麻確係芝麻，不再一一盡述。

穀之屬

胡麻自有文獻記載以來就被放在穀屬（部），甚至列席穀部第一，還在大麻之前，何也？蓋因《神農本草經》將之列為"本經上品"，以後成為本草書定例，直到《植物名實圖考》時依然如此。胡麻作為糧油作物，既可當飯又可作油，作為飯食味道尚佳，加之一些特有功效（包括形塑的功效），被視為上等食物，作為油料亦被視為上佳，具有一般糧食作物所沒有的特徵，自然一直被列為穀之屬。

最早關於胡麻可食的記載當在《本草經集注》，"熬、搗、餌之，斷穀，長生，充飢"，具有一定的神秘色彩。陶弘景"八穀之中，惟此為良"，雖是把大麻誤作胡麻，未嘗也不是該意。正史中《魏書・島夷桓玄》最早記載"江陵震駭，城內大饑，皆以胡麻為廩"，可知其在糧食作物中的重要地位，是為重要救荒作物。《齊民要術》云"人可以為飯"，王維有詩"御羹和石髓，香飯進胡麻"等數首，寇宗奭補充"此乃所食之穀無疑"，唐代《杜陽雜編》記載奇女盧眉娘"每日但食胡麻飯二三合"，類似"胡麻飯"記載不絕於書。《天工開物》推崇備至："凡麻可粒可油者，惟火麻（按，即大麻）、胡麻二種，胡麻即脂麻……今胡麻味美而功高，即以冠百穀不為過。"當然胡麻榨油更加有利可圖，所以"收子榨油每石可得四十餘斤，其枯用以肥田，若饑荒之年，則留人食"，宋應星在下文又同時提到亞麻不堪食，則胡麻為芝麻確矣。宋應星說："麻菽二者，功用已全入蔬餌膏饌之中（按，麻指大麻和胡麻）。"可見直到明代後期，胡麻才退出主食地位，但之後依然居穀之屬。以上胡麻若是芝麻的話，一切是順理成章的，而亞麻呢？

在不能確定亞麻別稱的情況下，我們先觀察確定描繪亞麻的歷史書寫。《本草圖經》被認為是亞麻可能的最早記載，只簡單描繪了“亞麻子”的基本性狀。《本草綱目》才有了一次較為詳細的敘述：“今陝西人亦種之，即壁蝨胡麻也，其實亦可榨油點燈，氣惡不堪食，其莖穗頗似茺蔚，子不同。”亞麻適口性差，所以李時珍才說亞麻“氣惡不堪食”。清代《采芳隨筆》談到亞麻時也壓根兒沒有提到可食。《植物名實圖考》中山西胡麻所配圖很明顯就是亞麻，吳其濬指出“其利甚薄，惟氣稍膩”。再到民國《爾雅穀名考》又言：“此雖麻類，只堪入藥，與農家所種之麻無涉，惟名亦習見，錄之所以杜淆亂也。”以上是較為集中記載亞麻的文獻一覽，眾口一詞，認為亞麻種植很少，且不堪食用。如此確實很難與歷史上的常用糧食作物胡麻相匹配。目前關於胡餅的研究頗多，關於“胡餅”名稱由來的解釋之一，即“以胡麻著上也”（《釋名》），研究者均認為胡麻為芝麻，芝麻醇香可口，“漫沍”於餅上是上上之選，與今天何其相似。

我們不厭其煩地論證，結論已經呼之欲出。此外，文獻（如《陳旉農書》）所見南方一帶也常有胡麻，而亞麻多不適合在南方種植，除了西南邊陲根本罕有栽培種。同為油料作物，亞麻在食用油方面也不可能有胡麻這樣的傳播廣度和深度，這都是應當冠名“芝麻”的，限於篇幅就不再展開了。胡麻名實考論，至此可以休矣。

參考文獻

專著

[1] 德康多爾：《農藝植物考源》，俞德浚、蔡希陶編譯，胡先驌校訂，上海：商務印書館，1940。

[2] 布累特什奈德爾：《中國植物學文獻評論》，石聲漢譯，北京：商務印書館，1957。

[3] 星川清親：《栽培植物的起源與傳播》，段傳德、丁法元譯，鄭州：河南科學技術出版社，1981。

[4] 瓦維洛夫：《主要栽培植物的世界起源中心》，董玉琛譯，北京：生活·讀書·新知三聯書店，1982。

[5] 費爾南·布羅代爾：《15 至 18 世紀的物質文明、經濟和資本主義》，顧良譯，施康強校，北京：生活·讀書·新知三聯書店，1992。

[6] 佐藤洋一郎：《長江流域的稻作文明》，萬建民等譯，成都：四川大學出版社，1998。

[7] 何炳棣：《明初以降人口及相關問題》，葛劍雄譯，北京：生活·讀書·新知三聯書店，2000。

[8] 古伯察：《中華帝國紀行》，張子清等譯，南京：南京出版社，2006。

[9] 富蘭克林·希拉姆·金：《古老的農夫 不朽的智慧：中國、朝鮮和日本的可持續農業考察記》，李國慶、李超民譯，北京：國家圖書館出版社，2013。

[10] 艾爾弗雷德·W. 克羅斯比：《哥倫布大交換：1492 年以後的生物影響和文化衝擊》，鄭明萱譯，北京：中國環境出版社，2014。

[11] 傑弗里・M. 皮爾徹：《世界歷史上的食物》，張旭鵬譯，北京：商務印書館，2015。

[12] 勞費爾：《中國伊朗編》，北京：商務印書館，2015。

[13] 鄭逸梅：《花果小品》，上海：中孚書局，1936。

[14] 萬國鼎：《五穀史話》，北京：中華書局，1961。

[15] 佟屏亞：《果樹史話》，北京：農業出版社，1983。

[16] 農業辭典編輯委員會：《農業辭典》，南京：江蘇科學技術出版社，1979。

[17] 唐啟宇：《中國作物栽培史稿》，北京：農業出版社，1986。

[18] 夏緯瑛：《植物名釋札記》，北京：農業出版社，1990。

[19] 郭文韜：《中國大豆栽培史》，南京：河海大學出版社，1993。

[20] 中國農業百科全書編輯部：《中國農業百科全書（農業歷史卷）》，北京：農業出版社，1995。

[21] 朱自振：《茶史初探》，北京：中國農業出版社，1996。

[22] 曹樹基：《中國人口史（第五卷）：清時期》，上海：復旦大學出版社，2001。

[23] 羅桂環：《近代西方識華生物史》，濟南：山東教育出版社，2005。

[24] 張建民：《明清長江流域山區資源開發與環境演變》，武漢：武漢大學出版社，2007。

[25] 游修齡，曾雄生：《中國稻作文化史》，上海：上海人民出版社，2010。

[26] 王思明：《美洲作物在中國的傳播及其影響研究》，北京：中國三峽出版社，2010。

[27] 韓茂莉：《中國歷史農業地理》，北京：北京大學出版社，2012。

[28] 彭世獎：《中國作物栽培簡史》，北京：中國農業出版社，2012。

[29] 俞為潔：《中國食料史》，上海：上海古籍出版社，2012。

[30] 曾雄生，陳沐，杜新豪：《中國農業與世界的對話》，貴陽：貴州民族出版社，2013。

[31] 張箭：《新大陸農作物的傳播和意義》，北京：科學出版社，2014。

[32] 蔣竹山：《人參帝國》，杭州：浙江大學出版社，2015。

[33] 何紅中，惠富平：《中國古代粟作史》，北京：中國農業科學技術出版社，2015。

[34] 李昕升：《中國南瓜史》，北京：中國農業科學技術出版社，2017。

[35] 藍勇：《中國川菜史》，成都：四川文藝出版社，2019。

期刊

[1] N. M. Nayar. History and Early Spread of Rice [J]. *Origins and Phylogeny of Rices*, 2014:15-36.

[2] Chen S and Kung K S. of Maize and Men: The Effect of a New World Crop on Population and Economic Growth in China [J]. *Journal of Economic Growth*, 2016, 21(1):1-29.

[3] 曹玲：明清美洲糧食作物傳入中國研究綜述，《古今農業》，2004（2）。

[4] 曾芸，王思明：向日葵在中國的傳播及其動因分析，《農業考古》，2006（4）。

[5] 郭聲波，張明：歷史上中國花生種植的區域特點與商業流通，《中國農史》，2011（1）。

[6] 王思明，沈志忠：中國農業發明創造對世界的影響，《農業考古》，2012（1）。

[7] 劉馨秋，朱世桂，王思明：茶的起源及飲茶習俗的全球化，《農業考古》，2015（5）。

[8] 王思明：絲綢之路農業交流對世界農業文明發展的影響，《內蒙古社會科學》，2017（3）。

[9] 劉啟振，王思明：西瓜引種傳播及其對中國傳統飲食文化的影響，《中國農史》，2019（2）。

責任編輯　　王逸菲
書籍設計　　a_kun
書籍排版　　楊　錄
繪　　圖　　馬浩然

書　　名　　食日談：餐桌上的中國故事
著　　者　　李昕升
出　　版　　三聯書店（香港）有限公司
香港北角英皇道 499 號北角工業大廈 20 樓
Joint Publishing (H.K.) Co., Ltd.
20/F., North Point Industrial Building,
499 King's Road, North Point, Hong Kong
香港發行　　香港聯合書刊物流有限公司
香港新界荃灣德士古道 220-248 號 16 樓
印　　刷　　寶華數碼印刷有限公司
香港柴灣吉勝街 45 號 4 樓 A 室
版　　次　　2024 年 3 月香港第一版第一次印刷
規　　格　　大 32 開（140 mm × 210 mm）280 面
國際書號　　ISBN 978-962-04-5306-9